中小学校全过程建筑设计
从建议到建成要点解析 》》》》

张 琳 姜红涛 著

机械工业出版社
CHINA MACHINE PRESS

本书总结了作者以往中小学校建筑设计的实践经验，结合建筑师负责制，以中小学校项目建设进程为序，利用实际案例，系统介绍建筑师在中小学校建设中的全过程设计服务工作内容。其中包括项目建设前期的建筑策划、咨询与评审、方案投标与评标、建筑方案深化与报审、建筑初步设计、建筑施工图设计、建筑施工图审查、现场设计服务各阶段的要点、难点、设计原则、技术措施以及常见问题等。本书可作为建筑设计、城市规划与城市设计、工程管理与咨询等专业的高校学生教学参考书，也可供建筑设计单位、工程咨询单位、工程管理部门技术人员参考。

图书在版编目（CIP）数据

　　中小学校全过程建筑设计：从建议到建成要点解析 /张琳，姜红涛著.
—北京：机械工业出版社，2020.10
　　ISBN 978-7-111-66821-3

　　Ⅰ.①中⋯　　Ⅱ.①张⋯②姜⋯　Ⅲ.①中小学—教育建筑—建筑设计
Ⅳ.①TU244.2

　　中国版本图书馆CIP数据核字（2020）第204551号

机械工业出版社（北京市百万庄大街22号　邮政编码100037）
策划编辑：赵　荣　责任编辑：赵　荣　范秋涛
责任校对：赵　燕　封面设计：鞠　杨
责任印制：李　昂
北京汇林印务有限公司印刷
2021年1月第1版第1次印刷
184mm×260mm·13印张·238千字
标准书号：ISBN 978-7-111-66821-3
定价：59.00元

电话服务　　　　　　　　　网络服务
客服电话：010-88361066　　机　工　官　网：www.cmpbook.com
　　　　　010-88379833　　机　工　官　博：weibo.com/cmp1952
　　　　　010-68326294　　金　书　网：www.golden-book.com
封底无防伪标均为盗版　　机工教育服务网：www.cmpedu.com

序 ▶▶▶▶

　　与张琳兄相识、相知于20世纪80年代末在哈尔滨读大学期间。大学毕业后，张琳回到家乡从事建筑设计工作，我在学校继续读书后留校任教。1992年后的深圳进入城市发展的快车道，感受到改革开放前沿城市建设热潮的张琳1996年来到深圳，成为这座城市早期的建设者，2004年我跟随学校也来到了深圳。重逢后的老同学定期邀约，或把酒言欢、或饮茶品茗，交流读书心得，相互切磋学问，畅谈生活体验，共话责任担当，已成为彼此生活的惯性而不曾间断。

　　张琳对建筑设计创作的执着始于大学。从业近三十年来，他一直坚守在建筑设计行业第一线从事设计创作工作，先后主持完成了三百余项建筑设计项目。其中大部分为公共类建筑，并有众多项目获得部优、省优、市优等的奖励。在建筑设计创作的实践过程中，张琳不断思考、总结，逐步形成了"地域、空间、秩序、技术"四要素协同的设计创作理念，并归纳出自己独特的创作手法。同时，他谨言慎行，与国内外同行保持良好的互动交流，受到同行和业主们的广泛认可。近年以来，张琳主持了多项中小学校的建筑设计工作，作为中小学校类建设项目的评审专家，参与了许多项目的全过程咨询与设计方案评审工作。适逢国家正在推行建筑师负责制及建筑师全过程设计服务政策之时，张琳把在中小学校建设项目领域积累的相关经验进行总结，相信会对相关工作起到积极作用。

　　本书聚焦以政府为投资主体的中小学校项目建设的全过程实践，对于需要建筑师参与的环节划分为十个阶段，按章节分别论述。通过本书可以了解到中小学校建设项目从立项到施工建设的全部流程、每个步骤需完成的工作内容、建筑师在各个环节应参与的深度和需承担的任务；实践案例部分介绍了设计工作的重点内容、部分环节常见的问题等；在建筑设计总说明中详细列出的各专业常见的问题，是十分难得的内容；书中许多章节对细节的论述也值得重点关注。本书可以作为中小学校建设项目全过程的操作手册，也可以作为了解建设过程具体环节的行动指南，为中小学校建设管理者、设计管理者、建设领域的技术人员，特别是青年建筑师，以及在校学生等提供参考。

建筑师在参与中小学校建设的过程中，各阶段的参与程度有所差异，建筑方案设计创作阶段无疑是最重要的环节。尽管作者在建筑方案设计创作章节中投入了大幅笔墨，但受本书的章节结构和篇幅所限，无法将作者在创作过程中的设计理念、技术方法和创作体会全面地展现出来。期待作者今后能对这部分内容做专篇总结，以飨读者。

哈尔滨工业大学（深圳）建筑学院　宋聚生

前　言 >>>>

　　最近，时间有些宽裕，得以静下心来，整理一下自己。回想我们作为职业建筑师，执业近三十年，积累了一些设计经验与体会，想为在校学生及青年建筑师们提供一些专业知识方面的帮助，这是我们写书的初衷。

　　近几年来，各地大规模投资兴建中小学校，以解决学校学位严重不足的问题。我们有幸参加了多个中小学校项目建设的全过程设计及咨询服务工作，包括中小校项目的前期策划、设计咨询、项目建议书及可行性研究报告的编制与评审，主持建筑设计方案的投标设计，参与建筑方案设计评审，负责项目的初步设计、施工图设计及担任驻地设计代表，并参加项目验收等工作。

　　本书将总结我们在中小学校建设中的实际工程经验，以中小学校项目建设的进展阶段为序，全面系统地介绍建筑师在中小学校建设中的全过程设计服务。内容涉及中小学校建设各阶段工作的概述、程序、工作内容以及建筑师在项目建设前期的建筑策划、咨询与评审、方案投标与评标、工程设计各阶段的实际工作，包括工作要点、设计原则、技术措施。

　　我们力求在本书展现中小学校设计工作的专业性、技术性特点，希望本书能成为建筑设计、城市规划与城市设计、工程管理与咨询等专业的高校学生的教学参考，也可供建筑设计院、工程咨询单位、工程管理部门的青年技术人员参考借鉴。

　　在这里，感谢师兄魏鹏先生，是他热心地鼓励我们写作此书，并真诚地提出许多修改意见，同时也感谢大学同学宋聚生老师，关注此书的写作过程，在百忙之中为本书写了序。

　　最后，非常感谢和我们一起工作过的同事们，他们有王平、冯伟龙、程纪超、刘环丽、汤晨、齐成、高巍、苏彦、王凯、郑东……

张琳　姜红涛

目 录 ▶▶▶▶

引 言 ▶▶▶▶
中小学校建筑设计与建筑师负责制

"建筑师负责制"是国际上工程建设的通常做法。近几年来，住房和城乡建设部（住建部）出台一系列政策文件，大力推行这一制度。建筑师除了要完成建筑专业的工程设计工作之外，还需参与规划设计、项目前期策划、监督施工等工作。

一、建筑师负责制的由来

2015年住建部建筑市场监管司在工作要点中首次提出"注册建筑师负责制"概念，之后国家出台了一系列政策文件，一些地区先后推进试点工作。然而，业内对于建筑师负责制的推行存有较大争议，焦点在于建筑师的服务内容和范围、责权利、服务取费等方面。2017年12月，住建部建筑市场监管司发布了《关于征求在民用建筑工程中推进建筑师负责制指导意见（征求意见稿）意见的函》，明确了建筑师负责制下建筑师在各个阶段的服务内容与责权利。

建筑师负责制的总体目标是推进民用建筑工程全寿命周期内全过程设计咨询管理服务。从设计阶段开始，由建筑师负责统筹协调各设计专业、咨询机构及设备供应商的设计咨询管理服务，在此基础上逐步向规划、策划、施工、运维、改造、拆除等方面拓展建筑师服务内容，发展民用建筑工程全过程建筑师负责制。

二、建筑师负责制的主要内容

1.参与城市修建性详细规划和城市设计，统筹建筑设计和城市设计协调统一。

2.参与建设项目建议书、建设项目可行性研究报告与开发计划的制订，确认环境与规划条件、提出建筑总体要求、提供项目策划咨询报告、概念性设计方案及设计任务书，代理建设单位完成前期报批手续。

3.完成方案设计、初步设计、施工图设计和施工现场设计服务。综合协调把控幕墙、装饰、景观、照明等专项设计，审核承包商完成的施工图深化设计。

4.代理建设单位进行施工招标投标管理和施工合同管理服务，对总承包商、分包商、供应商和指定服务商履行监管职责，监督工程建设项目按照设计文件要求进行施工，协助组织工程验收服务。

5.组织编制建筑使用说明书，督促、核查承包商编制房屋维修手册，指导编制使用后维护计划。

6.参与制订建筑更新改造、扩建与翻新计划，为实施城市修补、城市更新和生态修复提供设计咨询管理服务。

7.提供建筑全寿命周期提示制度，协助专业拆除公司制订建筑安全绿色拆除方案等。

8.建设单位应在与设计企业、总承包商、分包商、供应商和指定服务商的合同中明确建筑师的权力，并保障建筑师权力的有效实施。

9.保障建筑师合法权益。建设单位要根据设计企业和建筑师承担的服务业务内容和周期，结合项目的规模和复杂程度等要素合理确定服务报酬，在合同中明确约定并及时支付，或者采用"人工时"的计价模式取费。

10.建筑师在提供建筑师负责制的项目中，应承担相应法定责任和合同义务。因设计质量造成的经济损失，由设计企业承担赔偿责任，并有权向签章的建筑师进行追偿。建筑师负责制不能免除总承包商、分包商、供应商和指定服务商的法律责任和合同义务。

三、建筑师在中小学校全过程设计服务

1.在建设项目建议书阶段，建筑师对建设规模、场址条件进行初步论证，提出建筑方案可行性论证，并参加建议书的编写及评审工作。

2.在建设项目选址意见书阶段，建筑师参加项目选址的论证及评审工作。

3.在建设项目可行性研究报告阶段，建筑师对项目建设规模、场址条件进行初步论证，提出建筑设计比选方案，并参加可行性研究报告评审工作。

4.在建设用地规划许可证申请阶段，建筑师协助建设单位提出并上报项目建设的各项规划条件及指标。

5.在建筑方案设计招标投标阶段，建筑师受建设单位委托进行项目建筑方案设计任务书的编制工作，并参加参加建筑方案设计工作。

6.在建筑方案深化设计、初步设计、施工图设计阶段、现场设计服务及验收阶段，建筑师作为设计负责人参加项目全过程的设计、配合、管理工作。

7.在代建建设项目、EPC工程总承包项目中，建筑师作为项目经理，受建设单位的委托，全面参加项目建设各阶段的管理工作。

本书根据中小学校建设的不同阶段，分成十个章节。下面的"中小学校建设各阶段分工协作表"将简要说明十个阶段的名称、定义、负责单位、内容、作用、评审单位、建筑师的作用。此"协作表"也是全部十个阶段工作内容的汇总表，是本书的概略框架。

中小学校建设各阶段分工协作表

序号	阶段	定义	负责单位	内容	作用	评审单位	建筑师的作用
1	建设项目建议书	对新建、扩建项目提出建议、框架性的总体设想，从宏观上论述项目设立的必要性和可行性及投资建议	建设单位、工程咨询单位	项目基本情况，项目必要性和依据、需求分析、建设规模、场址条件、建筑方案、节能、节水、组织与人力资源、环境影响分析、进度安排、投资估算及资金筹措，附件	为项目建设（项目立项）提供理论依据，同时也为规划部门确定项目选址意见书及下一阶段项目可行性研究提供基础资料	发改部门、专家组	对建设规模、场址条件的论证提供技术支持，提出建筑方案可行性论证，参加编写或评审
2	建设项目选址意见书	在项目立项过程中，由规划部门出具的该项目是否符合规划要求的意见书，是规划部门依法核发的有关建设项目选址的布局法律依据	建设单位、规划部门	项目性质、建设规模、用地面积、界址点坐标	是规划部门按照国家法律规定，对以划拨方式提供国有建设用地使用权的建设项目，在报送有关部门批准或者核准前向建设单位核发的同意选址证明文件	规划部门	参与项目选址的论证
3	建设项目可行性研究报告	是拟建项目最终决策研究的文件，是项目决策的主要依据，是项目编制设计任务书、列入国家计划、向信贷部门提出贷款要求等的依据	建设单位、工程咨询单位	项目概况、建设必要性、市场预测、选址及建设条件、建设规模和内容、外部配套建设、环境保护、劳动保护与卫生防疫、消防、节能、节水、总投资及资金来源、经济效益、社会效益、项目建设周期及工程进度安排、结论、附件	建设项目投资决策的依据；编制设计文件的依据；向银行贷款的依据；建设单位与各协作单位签订合同和有关协议的依据；环保部门、规划部门审批项目的依据；施工组织、工程进度安排及竣工验收的依据；项目后评价的依据；企业组织管理、机构设置、劳动定员、职工培训等企业管理工作的依据	发改部门、专家组	对建设规模、场址条件的论证提供技术支持，提出建筑方案可行性论证。参加评审

（续）

序号	阶段	定义	负责单位	内容	作用	评审单位	建筑师的作用
4	建设用地规划许可证	是经规划部门确认的建设项目位置和范围符合城乡规划的法定凭证，是建设单位用地的法律凭证	建设单位、工程咨询单位	规划总用地界线、规划可用地界线、位置及坐标、容积率、绿化率、地上地下车位数量、地上建筑面积与地下建筑面积、单体数量、楼层高度、建筑物坐标、建筑物距离红线位置、建筑密度	确保土地利用符合城市规划要求，维护建设单位按照城市规划使用土地的合法权益	规划部门	对建设用地规划许可证的内容进行复核
5	建筑方案设计招标投标	全部使用国有资金投资或者国有资金投资占控股或者主导地位的中小学校建筑工程项目，应当公开招标	建设单位、设计单位、招标代理、评审中心	略	略	建设单位、设计单位、招标代理、评审中心、专家组	建筑方案设计招标投标与评审
6	建筑方案深化设计及投建文件编制	方案深化是指中标方案根据规划、国土、市政、环保、交通、教育、发改等部门的意见进行修改。建筑方案得到建设单位同意后，上报规划部门审查	建设单位、设计单位、规划部门	报审内容包括是否超过规划红线范围；是否与区域规划（也可能与国家规划）相抵触；单体的造型、色彩等是否与街道环境协调，等等	扩初设计及施工图设计的依据	规划部门	建筑方案深化设计、报审
7	建筑初步设计与概算	初步设计（略）设计概算是确定建设项目所需建设费用最高限额的一种费用文件。它以设计单位为主，按基本建设项目性质和投资费用构成等进行编制	建设单位、设计单位、发改部门	1）工程费用，主要是建筑安装工程费用和设备、工具、器具购置费 2）其他工程费用	设计概算是编制建设项目投资、确定和控制建设项目投资的依据，是签订建设工程合同和贷款的依据，是控制施工图设计和施工图预算的依据，是衡量设计方案技术经济合理性和选择最佳设计方案的依据，是考核建设项目投资效果的依据	发改部门	建筑专业的初步设计与概算 对初步设计概算的复核

（续）

序号	阶段	定义	负责单位	内容	作用	评审单位	建筑师的作用
8	建筑施工图设计	建筑施工图设计是指把建筑专业的设计意图更具体、更确切地表达出来，绘成能据以进行施工的蓝图	设计单位	是表示工程项目总体布局，建筑物、构筑物的外部形状、内部布置、结构构造、内外装修、材料做法以及设备、施工等要求的图样	是在初步设计或技术设计的基础上，把许多比较粗略的尺寸进行调整和完善；对各部分构造做法进一步考虑并予以确定；解决各工种之间的矛盾；并编制出一套完整的、能据以施工的图样和文件	设计单位自审	建筑专业的施工图设计
9	建筑施工图设计文件审查	按照《建筑施工图设计文件审查暂行办法》的规定，建筑工程的建设单位应当将施工图报送建设主管部门，由建设行政主管部门委托有关审查机构审查	建设单位、设计单位、审查单位	建筑物的稳定性、安全性审查，包括地基基础和主体结构体系是否安全、可靠；是否符合消防、节能、环保、抗震、卫生人防等有关强制性标准规范；施工图是否能达到规定的深度要求；是否损害公众利益	施工图审查是基本建设的一项法定程序。建设单位必须在施工前将施工图设计文件送政府有关部门审查，未经审查或审查不合格的，不准使用，否则，将追究建设单位的法律责任	施工图设计审查单位	回复及修改
10	建设工程现场设计服务	是指设计单位在施工图交付后至工程验收期间，按照设计合同及相关规定，配合现场施工的有关工作	建设单位、监理单位、施工单位	是指设计单位配合施工现场各单位处理涉及设计的有关事宜，说明施工图设计意图并指导实施，解答和解决实施过程中的问题，参与重大施工方案和指导性施工组织方案研究，参加安全质量问题调查处理、工程验收等工作	工程现场设计服务对于设计与施工起着沟通和媒介的作用，而且对工程投资、工程进度以及对设计的优化起着积极的作用	建设单位、监理单位、施工单位	施工图交底、会审，工地巡视，设计变更，工程验收

第一章 ▶▶▶▶
建设项目建议书

本章第一节介绍建设项目建议书的定义、编制单位、内容，在第二节中，主要通过对两个实际案例的介绍，列出项目建议书经常出现的一些问题，如用地面积紧张、场地安全性、建筑布局不合理等方面的问题。

第一节　建设项目建议书概述

一、建设项目建议书的定义

建设项目建议书（又称项目立项申请书或立项申请报告）是由项目筹建单位或项目法人根据国民经济的发展、国家和地方中长期规划、产业政策、生产力布局、国内外市场、所在地的内外部条件，就某一具体新建、改扩建项目提出的项目的建议文件，是对拟建项目提出的框架性的总体设想。

建设项目建议书是由项目投资方向其主管部门上报的文件，目前广泛应用于项目的国家立项审批工作中。它要从宏观上论述项目设立的必要性和可能性，把项目投资的设想变为概略的投资建议。建设项目建议书可以供项目审批机关做出初步决策，减少项目选择的盲目性，为下一步可行性研究打下基础。

建设项目建议书主要论证项目建设的必要性，建设方案和投资估算比较粗浅，投资误差为20%左右。

中小学校的建设项目建议书，主要作用为区、县发改局（委）的立项依据。其编制单位应具有国家发展和改革委颁发的工程咨询资质，从高到低等级分为甲级、乙级、丙级。

二、建设项目建议书的内容

一般情况下，编制单位由当地发改部门通过招标方式来确定。建设项目建议书都要有如下内容：

1）项目提出的必要性和依据。

2）市场需求、现状、前景预测和对本项目的影响。

3）建设方案，拟建规模和建设地点的初步设想。

4）资源情况、建设条件的初步分析。

5）投资估算、资金筹措的设想。

6）项目的进度安排。

7）经济效果和社会效益的初步评估，包括初步的财务评估和国民经济评估。

8）环境保护，包括本项目建设期间的环境污染状况以及本项目在施工时的环境保护方案。

9）建设项目建议书结论。

10）建设项目建议书附件。

为了使大家有更具体的认识，下面例举一所学校的建设项目建议书目录。

第一章　总论
　一、项目基本情况
　二、建设单位概况
　三、编制依据
　四、项目概况
　　1.拟建地点
　　2.建设内容与规模
　　3.项目投资与资金来源
　五、结论与建议
　　1.结论
　　2.建议
第二章　项目背景及必要性分析
　一、项目背景
　　1.xx市教育发展状况
　　2.xx区教育发展状况
　　3.xx街道义务教育发展状况
　　4.xx街道xx镇片区GX01更新项目情况
　　5.项目的提出
　二、项目必要性分析
　　1.是贯彻落实xx市、xx区教育发展"十三五"规划的重要举措
　　2.是实施科教兴市和人才强市战略的需要
　　3.是满足经济社会持续协调发展的需要
　　4.是解决区域义务教育学位供应不足，完善教育基础设施建设的需要
第三章　需求分析及建设规模
　一、需求分析
　　1.服务区域学位需求分析

三、建筑师在编写建设项目建议书中的作用

从前面介绍的建设项目建议书的目录就可以理解其定义、内容及建筑师在编制过程中的作用。

建设项目建议书中的第四章"场址条件"及第五章"工程规划建设方案"是建议书的重要章节，关系到项目是否能被批准、建设成本多少。这两章应该由建筑师编写，并且这两章内容对以后的建筑设计工作影响很大。

目前，中小学校的建设项目建议书就是通过对项目所在区域的中小学教育设施发展状况的背景及必要性进行分析，提出该项目建设的必要性；并通过对服务区域学位需求的分析，提出办学人数及建筑规模；根据城市控制性详细规划的要求确定项目选址地点；根据场地条件提出粗浅的建筑方案，最后说明该项目的环境评估、节能、组织、机构、工程进度、投资估算（匡算）。

建设项目建议书最终目的是为政府职能部门决定是否进行该项目建设（项目立项）提供理论依据，同时也为规划及国土部门确定建设项目选址意见书及下一阶段项目可行性研究提供基础资料。

第二节　设计规范是建设项目建议书编制的重要依据

《中小学校设计规范》（GB 50099—2011）是中小学建设项目建议书编制的重要依据。在中小学校建设项目建议书中，与《中小学校设计规范》（GB 50099—2011）有紧密关系的内容主要有：项目场地（选址）、服务半径、用地功能划分、总平面布局。下面列举两个学校的建设项目建议书，来介绍《中小学校设计规范》（GB 50099—2011）在建设项目建议书编制中的应用。

一、案例分析（一）

（一）建设项目建议书的主要内容

本项目拟新建教学综合楼、图书馆、多功能厅、教职工宿舍、教职工及学生食堂、地下车库、门卫传达室，以及室外运动场、配套管网、道路广场及绿化等，总建筑面积35104.99m²，其中教学综合楼16325.95m²，地下图书馆1500m²，风雨操场2150m²，教职工宿舍1600m²，教职工及学生食堂1800m²，地下多功能厅432m²，首层架空层6941.04m²（按照生均2m²标准），地下车库3520m²，地下设备用房800m²，门卫传达室36m²。室外运动场地：建设200m标准环形跑道操场1个，篮球场2个，羽毛球场兼排球场3个，器械运动场地1个。校园广场地面和绿化：建设环形消防通道、室外活动及疏散广场、校园绿化等。

建筑物设置和主要技术指标见表1-1、表1-2。

表1-1　建筑物设置

序号	建筑物	建筑面积/m²	楼层	备注
1	教学综合楼	16325.95	6	
2	图书馆	1500		
3	风雨操场	2150	1	位于200m环形跑道下面
4	教职工宿舍	1600	6	
5	教职工及学生食堂	1800	2	
6	多功能厅	432		
7	架空层	6941.04	1	其中操场架空层面积为3684.4m²
8	地下车库及设备用房	4320	-2	
9	门卫传达室	36	1	
10	合计	35104.99		

表1-2　主要技术指标

序号	项目名称	单位	数量	备注
1	规划用地面积	m²	13001	
2	基底面积	m²	6700.24	
3	总建筑面积	m²	35104.99	
3.1	计容积率建筑面积	m²	30784.99	
3.1.1	教学综合楼	m²	16325.95	
3.1.2	地下图书馆	m²	1500	

（续）

序号	项目名称	单位	数量	备注
3.1.3	地下多功能厅	m²	432	
3.1.4	风雨操场	m²	2150	
3.1.6	教职工宿舍	m²	1600	
3.1.7	教职工及学生食堂	m²	1800	
3.1.8	门卫传达室	m²	36	
3.1.9	架空层	m²	6941.04	含操场架空3684.4m²
3.2	不计容积率建筑面积	m²	4320	地下车库及设备用房
3.2.1	地下停车库		3520	
3.2.2	设备用房		800	
4	道路广场	m²	1750.41	
5	绿地面积	m²	4550.35	
6	容积率		2.37	
7	建筑覆盖率	%	51.54	
8	绿地率	%	35	
9	停车位	个	90	
9.1	地面停车位	个	2	校车车位
9.2	地下停车位	个	88	
10	办学规模		36班/1620个学位	

（二）建设项目建议书审核意见

按照《中小学校设计规范》（GB 50099—2011）的要求，此建设项目建议书有些方面是不符合要求的。在该建设项目建议书评审时，评委对如下内容提出了质疑：

1. 选址的环境噪声

根据《中小学校设计规范》（GB 50099—2011）第4.1.6条：

学校教学区的声环境质量应符合现行国家标准《民用建筑隔声设计规范》（GB 50118—2010）的有关规定。学校主要教学用房设置窗户的外墙与铁路路轨的距离不应小于300m，与高速路、地上轨道交通线或城市主干道的距离不应小于80m。当距离不足时，应采取有效的隔声措施。

根据《中小学校设计规范》（GB 50099—2011）第4.1.7条文说明：

教学要防止受到噪声干扰。同时，学校音乐课、体育课、课间操，甚至全班集体朗读对周边近邻都可能造成噪声干扰。应在规划设计中通过对周边环境、用地形状认真调查、分析，合理布局，避免干扰近邻。若用地条件过差时，需对用地做相应调整。

　　对于上述这两条规范要求，本项目的选址不满足《中小学设计规范》（GB 5099—2011）要求（图1-1）。

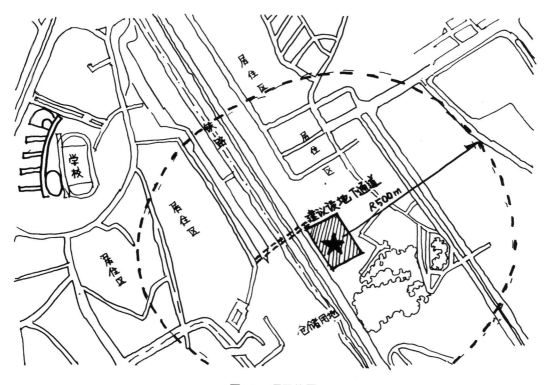

图1-1　项目位置

2. 选址的服务半径

　　根据《中小学校设计规范》第4.1.4条：城镇完全小学的服务半径宜为500m，城镇初级中学的服务半径宜为1000m。

　　该建设项目建议书根据500m半径范围内的用地情况来推算未来的学位要求情况（图1-2）。

　　本项目有特殊情况。铁路位于项目用地西侧，铁路西侧的学生想来此东侧的小学上学，要走很远的路程，路程要远远大于500m。

　　在建设项目建议书中，将来准备在学校北侧设置一条穿越铁路的地下人行通道。但是，设置地下人行通道需要论证，要报当地发改部门进行立项之后，才可作为项目建设的依据条件。这种按照直线半径500m来考虑学生数量的方法是不合理的，在城市更新单元的规划设计考虑不周全，没有实事求是。

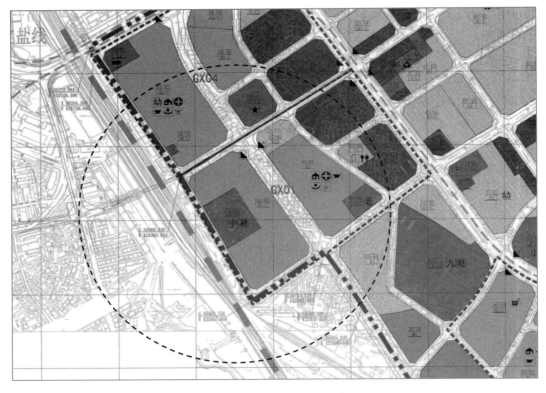

图1-2 项目区域法定图则

3. 用地面积指标

普通中小学校规划设计应符合《中小学校设计规范》（GB 50099—2011）的要求。学校规划设计应充分考虑当地气候、环境和地理特点，并重视节约用地。

一般来说，普通中小学校用地指标如下：

（1）小学：生均用地面积为8~12m²。18班用地面积为6500~10000m²，24班用地面积为8700~13000m²，30班用地面积为10800~16500m²，36班用地面积为13000~20000m²。

（2）九年制学校：生均用地面积为9.5~15m²。36班用地面积为16300~25700m²，45班用地面积为20400~32000m²，54班用地面积为24400~38500m²。

（3）初级中学：生均用地面积为10~16m²。18班用地面积为9000~14400m²，24班用地面积为12000~19200m²，36班用地面积为18000~28800m²，48班用地面积为24000~38400m²。

本项目总用地面积13001m²，拟建36班小学，1620个学位。由此可见本项目用地非常紧张，仅比规范用地最小面积要求多了1m²。

学校建设用地宜选择地块完整、干净、平整、交通便捷、受噪声污染小的用地。

4. 运动场跑道长度

本项目用地为13001m²，如果选用最小的200m环形跑道运动场，其面积按3400m²

计算，那么留给可建设的用地仅为9600m²，再扣除建筑退让用地红线的面积约为2700m²，只有6900m²作为可建设用地。

本项目拟建地上建筑面积约30800m²，建筑层数按规范不能超过6层，平均每层约5100m²，同时还要考虑到中小学校建筑的教学楼间距等规范要求，此学校用地面积过小，设置200m运动场跑道都紧张。

5. 容积率合理取值

本项目总建筑面积35104.99m²，计容积率建筑面积30784.99m²，本项目用地为13001m²，容积率已达到了2.37，很不合理。

图1-3为总平面示意图。一般情况，小学校的容积率最好小于1，九年制学校及初中学校的容积率最好小于0.8。

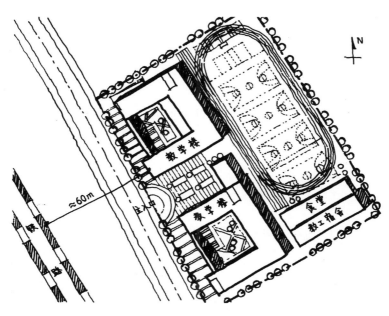

图1-3　总平面示意图

二、案例分析（二）

本案例为一个九年制学校的建设项目建议书，其描述的主要建设内容如下：

本项目拟建场地用地面积5155.48m²。拟建设一所可提供18班、840个学位的九年制学校，建筑面积19606m²。主要建设内容如下：

1）新建1栋教学综合楼，地下3层、地上9层，占地面积1708m²，建筑面积为19264m²，含必配校舍用房14099m²、架空层1680m²、教师宿舍735m²、设备用房800m²、地下停车库1950m²。

2）新建一条宽9m、长39m的学校天桥，用于连接新建教学综合楼和南侧的学校，建筑面积为342m²。

3）配套建设1间门卫室，1处垃圾站，以及地面绿化、屋顶绿化、道路广场和围墙等配套设施。

本项目用地的南侧为一所民办学校，占地面积约2.40万 m^2，设有环形塑胶跑道等室外活动设施。考虑到本项目规划18班九年制学校，现有用地面积仅为5155.48 m^2，同时场地内部需保留6m宽河道，项目需要进行退线，导致项目用于建设篮球场和运动场等室外活动的场地面积十分紧张，为更好地满足全校学生的篮球场和运动场等室外活动场地的需要，本项目需要共享南侧学校室外配套设施用地。

按照当地规定，九年制学校生均用地面积为 $9.5\sim15\,m^2$。本项目用地面积5155.48 m^2，即可容纳学生人数约（5155.48÷9.5）=543人到（5155.48÷15）=344人，只能满足9班九年制学校用地面积3990~6300 m^2 的要求，但小于18班九年制学校用地面积为7980~12600 m^2 的要求。

但是此建设项目建议书提出了办学规模为18班（小学12班，每班45人，初中6班，每班50人，共12×45+6×50=840学位）的九年一贯制学校，显然这是不满足用地面积规定的。

本项目拟建地块地形近似三角形（图1-4、图1-5），场地内地势由南向北逐渐变低，南侧与北侧地势高差相差约6m，并且场地的西南侧有一条6m×2m（深）的明渠，所以，本项目需考虑该段渠道的建设，以及对渠道和周边有地势高差区域进行边坡支护措施。

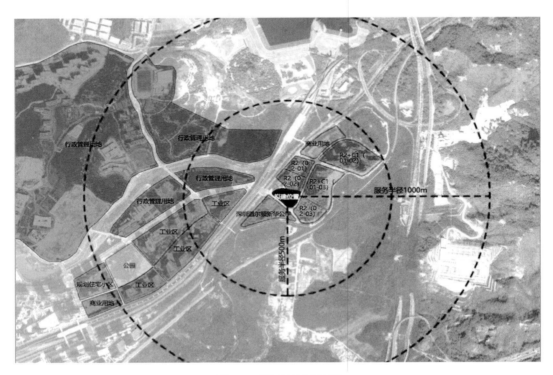

图1-4　项目的区域位置

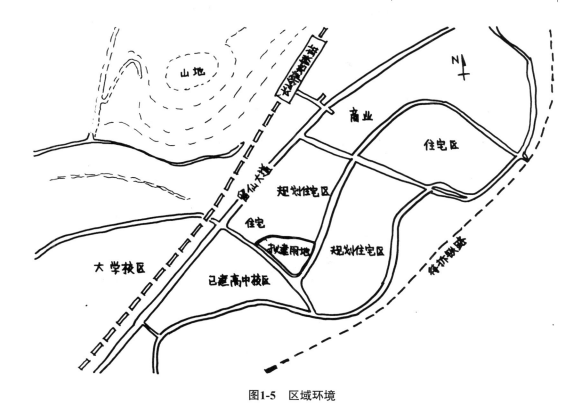

图1-5　区域环境

建设项目建议书一共156页，其中项目的必要性及论据充分、翔实，建设项目建议书逻辑合理，内容齐全。但是，在建设项目建议书最关键章节"场址选择与建设条件"中，内容不能满足《中小学校设计规范》（GB 50099—2011）的要求，最终没有通过评审。

1. 选址的安全性

在《中小学校设计规范》（GB 50099—2011）中第4.1.2条有规定："中小学校严禁建设在地震、地质塌裂、暗河、洪涝等自然灾害及人为风险高的地段和污染超标的地段。"

建设项目建议书中描述，有一条6m×2m的明渠穿过学校用地（图1-6），场地南北高差6m。"明渠"顾名思义就是开口、没有盖板的防洪渠。由于明渠穿过用地及场地高差太大的不利因素，所以学校建设的选址是有问题的，在安全性方面是不符合设计规范的。

2. 用地面积

本项目用地面积为5155.48m²，根据当地的规定，该用地面积只满足9个班的九年制学校规模，但是建设项目建议书却提出了拟建18个班的建设规模，用地面积按规定缺少一半。如果要考虑明渠所占用的面积，那么学校可用面积就更少了。根本没有条件建设室外运动场地。若按照18个班的建设面积规模，建筑覆盖率过高，楼层过高，不适于中小学生使用。

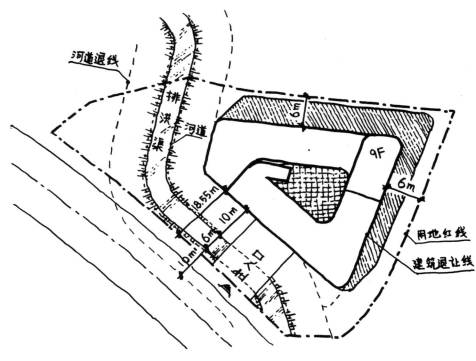

图1-6　项目总平面概念方案

3. 建筑布局

按照建设项目建议书所提出的建筑布局方案，是无法满足18个班的功能使用要求的，主要表现在：

1）建筑功能分区无法满足要求。食堂、办公、后勤、功能区、教学区无法分区布置。

2）教学区的普通教室之间干扰会非常大，无法满足规范要求。

3）学校的水平交通与竖向交通流线混杂。

4）地下室的单层面积过小，单位停车面积过大，地下室层数多，停车效率低，建造成本很高。

三、建设项目建议书常见问题

上节通过两个实际案例的分析可以看出，建设项目建议书会在项目选址的安全性、噪声、学校服务半径、用地面积、运动场朝向及长度、建筑布局等方面出现违反设计规范的情况，除此之外，建设项目建议书还会有其他常见问题。

1. 针对性不强

很多建设项目建议书在项目建设必要性方面的论述内容基本都一样，例如：项目的位置经济情况、整个城市的学位状况、该行政区的学位缺少、都是急需建学校等。

很少有建设项目建议书仔细地描述该学校项目周边的居民数量、人口构成比例、现在及未来的学位需求。建设项目建议书的结论也都一样：学位紧缺，建一所学校是必要的，针对性不强。

2. 重点不突出

建设项目建议书中的项目必要性、建设的可能性、建设项目的规模、造价、工期的相关论述是重要内容。有的建设项目建议书对于"环境影响分析""节能节水""社会评价"等非重点内容的描述过多，而对于那些重点内容轻描淡写，过于简短。

3. 缺少建筑方案的可行性论证

由于建设项目建议书的编制单位大部分都是咨询单位，缺少专业的建筑设计师参与，导致建设项目建议书缺少建筑方案的可能性比较分析及建设方案的可行性论证。比如项目的选址是否合理，交通道路、流线组织是否合理，选址及规模是否合适。应该根据用地面积来论证学校的建设规模、高度、覆盖率，通过总图方案的比较，论证这个项目在建筑设计方面是否具备可能性，是否可以满足规范要求。

4. 项目建设的困难与问题论述不足

一些建设项目建议书的内容，缺少项目的建设困难与问题的论证内容，在地质、交通、周边道路、拆迁、工期、成本等方面缺乏论证。表面看来，该学校在建设方面不存在任何问题。其结果就是建设的难度与问题被隐藏或忽略了，直到建筑设计阶段或者到了施工阶段，这些问题才暴露出来，各个相关单位才着手处理，最终导致修改设计、施工变更，延长工期，增加建造成本。

第二章 >>>>
建设项目选址意见书

本章第一节，将介绍建设项目选址意见书的定义、审核内容及核发单位。第二节主要通过一个实际案例的介绍，说明不恰当的选址会带来项目建设的安全隐患，会造成设计与施工的不确定性。这里要特别说明的是，2019年9月17日，国家自然资源部发布自然资规［2019］2号文件，将建设项目选址意见书、建设项目用地预审意见合并，自然资源主管部门统一核发建设项目用地预审与选址意见书，不再单独核发建设项目选址意见书、建设项目用地预审意见。截止到2020年5月作者发稿之日，各地政府对此政策的落实情况不同。对于建筑师来讲，建设项目选址意见书、建设项目用地预审意见合并与否，对于建筑设计工作不会产生较大影响。因此，本书仍以建设项目选址意见书为主线，介绍该阶段的相关工作内容及案例。

第一节　建设项目选址意见书概述

一、建设项目选址意见书的定义

建设项目选址意见书是建设工程（主要是大、中型工业与民用建设项目）在立项过程中，由城市规划和国土资源委员会出具的该项目是否符合规划要求的意见书，是城市规划和国土资源委员会依法核发的有关建设项目选址位置法律依据。

建设项目选址意见书是对以划拨方式提供国有建设用地使用权的建设项目，在报送有关部门批准或者核准前向建设单位核发的同意选址的证明文件，建设项目选址意见书的主要内容应包括拟建项目的基本情况和拟建项目规划设计的依据条件。

建设项目用地选址非常重要，尤其是涉及基础设施建设和公共利益，以及带有较强的政策功能和社会功能的项目，不仅仅关系到建设者本人及其商业利益，还关系到今后城乡规划的实施。通过规划和国土资源委员会（对于复杂的项目可以邀请规划和国土资源局、国家发展和改革委员会、消防及交通等相关部门）比选不同的选址，进行多方案论证，必要的时候还需召开听证会或论证会听取公众意见。

二、建设项目选址意见书的审核内容及核发

1. 建设项目选址意见书的基本信息

建设项目选址意见书上主要写明建设项目的名称、性质、用地与建设规模，以及

项目建设供水与能源的需求量，采取的运输方式与运输量，以及废水、废气、废渣的排放方式和排放量。

2. 建设项目选址意见书的审核内容

1）经批准的项目建议书。

2）建设项目与城市规划布局是否协调。

3）建设项目与城市土地利用、交通、通信、能源、市政、防灾规划的衔接是否协调。

4）建设项目配套的生活设施与城市生活居住及公共设施规划的衔接是否协调。

5）建设项目对于城市环境可能造成的污染影响，以及与城市环境保护规划和风景名胜、文物古迹保护规划是否协调。

3. 建设项目选址意见书的核发机关

直辖市、计划单列市人民政府计划行政管理部门审批的建设项目，由直辖市、计划单列市人民政府城市规划和国土资源部门核发建设项目选址意见书。

省、自治区人民政府计划行政管理部门审批的建设项目，由项目所在地县市人民政府城市规划和国土资源部门提出审查意见，报省、自治区人民政府城市规划和国土资源部门核发建设项目选址意见书。

中央各部门、公司审批的小型和限额以下的建设项目，由项目所在地县市人民政府城市部门提出审查意见，报省、自治区、直辖市、计划单列市人民政府城市规划和国土资源部门核发建设项目选址意见书。

国家审批的大中型和限额以上的建设项目，由项目所在地县市人民政府城市规划和国土资源部门提出审查意见，并报国务院城市规划行政主管部门备案。

城市规划和国土资源部门应当对拟收购的土地进行规划审查，出具拟收购土地的建设项目选址意见书。对于不符合近期建设规划、控制性详细规划规定用途的土地，不予核发建设项目选址意见书。

三、办理建设项目选址意见书的程序

1. 建设项目选址意见书的申请

建设单位应当在报送有关部门批准或者核准建设项目前，向有关城市规划和国土资源部门申请核发建设项目选址意见书。

申请核发建设项目选址意见书，应当提交下列材料：

1）包含建设单位、项目性质、建设规模、选址意向等情况说明的选址申请书。

2）批准类建设项目的建设项目建议书批复文件，核准类建设项目的项目申请报告或者建设项目可行性研究报告。

3）标明拟选址位置的地形图。

4）法律、法规规定的其他材料。

在成片规划建设用地范围外独立选址的建设项目以及可能对城乡规划产生重大影

响的区域性基础设施项目，还应当提供建设项目选址论证材料。

2. 建设项目选址意见书的审核

城市规划和国土资源部门经过调查研究、条件分析和多方案比较论证，根据城市规划要求对该建设项目选址进行审查，必要时应组织专家论证会进行研究论证。

3. 建设项目选址意见书的核发

城市规划和国土资源部门经过选址审查后，核发建设项目选址意见书。对于复杂的建设项目，可委托城市规划设计单位编制建设项目选址意见书的报告。然后，城市规划和国土资源部门根据报告核发建设项目选址意见书。

第二节 项目选址对建筑设计的影响

建设项目选址意见书办理的主要参与单位有：发改部门、建筑工务署项目前期工作办公室（前期办）、规划和自然资源局（规划部门）、国土资源局（国土部门）。一般情况下，项目的选址在建筑设计之前就已经由政府的有关部门确定了，建筑师很少参与选址工作，因此，当设计单位的建筑师拿到建设项目选址意见书时，项目的选址已经基本确定了，也不会再次论证。所以，在项目可行性研究报告评审及方案设计时，建筑师即使发现项目的选址不利于建筑设计，也无法改变项目的选址，只能依据有关规范在设计上采取补救措施。

改革开放30年，城市建设速度迅猛，房地产开发成为拉动经济、提高GDP的主力军。在改革开放初期，城市的土地管理部门把易于开发建设的土地出让给开发商，同时，政府对原自然村的土地疏于管理，村里自建、自营房地产项目，形成了城市中的乡村，城市包围乡村的"混乱"现象。一边是高楼林立，街道开阔，商业繁华，另一边却是乱搭乱建，道路犬牙交错，隔窗握手（图2-1）。

图2-1 "城中村"

经济飞速发展，人口剧增，导致教育资源的严重落后，中小学校数量太少、学位严重短缺，各级政府近几年来开始大力推进中小学校建设。

城市快速扩张，政府几乎没有闲置可建设的土地，能建设的土地早已高楼林立，村子里的土地底价昂贵、容积率高，村民楼"拆不起"。方整、平坦易于建设的土地已经找不到了，只有那些"边角""余料""山地""水塘"被划拨给中小学校的建设用地。

因此，在这种情况下，必然存在中小学校建设选址的天生不足的问题。

一、案例分析

1. 选址不当带来工程的不确定性

下面介绍一个学校的建设项目选址意见书，分析建设项目的选址不当带来的设计、施工、使用问题。

本项目的用地为坡地，地形非常复杂，被荔枝林覆盖，中间有一个山水汇集的水塘，最深处有10m（图2-2、图2-3）。

图2-2 项目周边环境

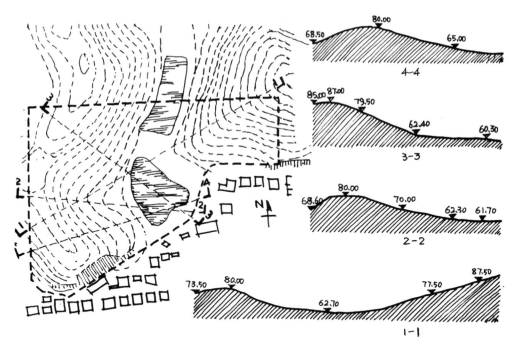

图2-3 项目用地地形高差示意图

在建设项目选址意见书的下面有一备注："该选址用地位于斜坡类地质灾害高易发区，必须按规定开展地质灾害危险性评估"（图2-4）。

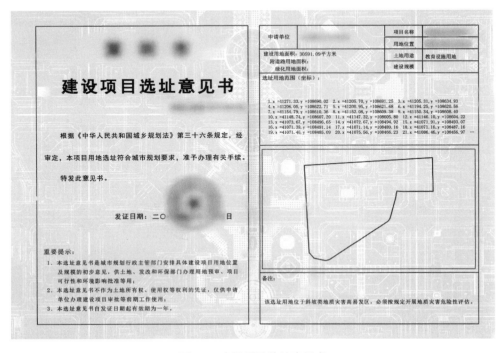

图2-4 建设项目选址意见书

　　而在《中小学校设计规范》（GB 50099—2011）中第4.1.2条有规定"中小学校严禁建设在地震、地质塌裂、暗河、洪涝等自然灾害及人为风险高的地段和污染超标的地段。校园及校内建筑与污染源的距离应符合对各类污染源实施控制的国家现行有关标准的规定。"

　　中标方案依势而建，建筑沿等高线布置。中间水塘填平后设置运动场。图2-5~图2-7是中标方案的三张图。

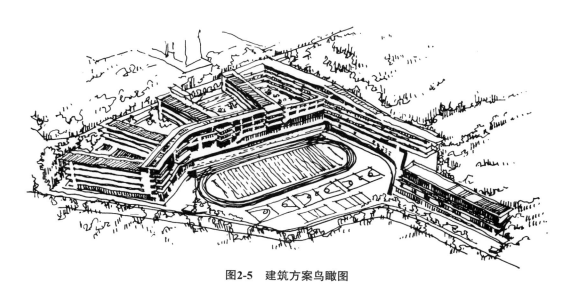

图2-5　建筑方案鸟瞰图

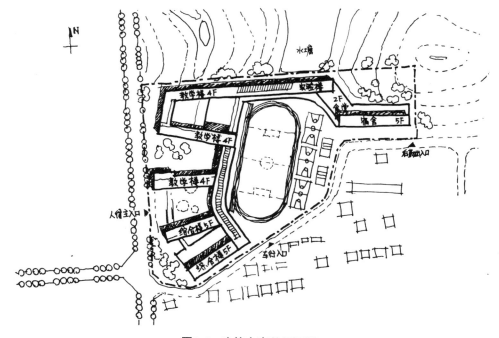

图2-6　建筑方案总平面图

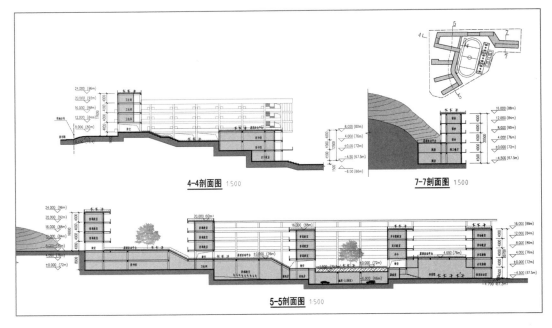

图2-7　建筑方案剖面图

到2015年底，该学校的施工图设计已接近完成。这时，设计工作被一件突发事件中断。2015年12月20日发生了一件震惊全国的山体滑坡事故。该事故伤亡人数较多，影响非常大。本学校项目所在市要求所有城市建设及主管部门排查已建、在建、未建的建设项目的类似地质灾害问题。对于已建的项目，发现隐患马上加固补救。对于在建及未建的项目，暂停设计与施工，马上重新论证研讨，确保杜绝地质的安全隐患。

鉴于本项目存在高边坡、洪水隐患的问题，工务局下令暂停项目设计，政府要求对学校重新选址，由市规划和国土资源委员会负责重新进行选址工作。并且，对于学校前期工作中已签订及已执行的各项合同，按实际工作量，启动合同终止及结算工作，待重新选址后再另行委托。

经过一年的重新选址及论证，2017年初，区规划和国土资源委员会向区政府上报文件，提出维持学校原选址的意见。主要意见归纳如下：

1）原选址的办理过程是合理的，已征询了社区、区政府、公共事业局的意见，并一致通过。地块的规划已于2015年1月经市城市规划委员会法定图则委员会审议通过。

2）备选的新的选址用地存在一些问题：

第一，无"法定图则"覆盖、涉及国土总规限制建设区调整报批，周期较长。

第二，新选址占用基本生态控制线，调整难度大且需占补平衡。

3）信访部门反映学校至今未建成投入使用，已引起民众关注，居民已经开始信访，要求马上建设学校。

4）安全问题无小事，规划和国土资源委员会尊重学校建设部门对于学校原选址安全问题的审慎考量。但鉴于社区近期就学压力大，且原选址也是多部门沟通研究并经审批的结果，建议区里建设管理服务中心对原选址组织专业技术人员进行研究论证。如果论证结果认为原选址不可行，规划和国土资源委员会再开展学校选址备用方案的报批工作。

之后，区工务局要求设计单位根据上述意见，给出设计单位关于选址的意见。设计单位明确表示，本学校的选址是不合理的，与《中小学校设计规范》（GB 50099—2011）有违反之处。但如果决定在此选址上建54班的九年一贯制学校，对于现有场所的地质情况，设计单位可以采取技术措施，保证学校建筑的使用安全性。设计单位将继续聘请岩土勘察设计公司及市政设计公司对边坡支护及场地内、外的山体防洪进行专业设计，协助建筑设计单位共同完成该项目的建筑工程设计工作，解决建设场地的不利因素而带来的对建筑安全隐患的影响问题。

根据上述决议要求，建筑设计单位组织岩土设计单位及市政设计单位分别对挡土墙支护工程及防洪工程进行了专项设计与论证。

2. 挡土墙支护工程专项设计

本项目的挡土墙工程分为场地内挡土墙工程和临红线挡土墙工程，总体位置位于学校主体建筑四周的边坡，其边坡总长约为940m。学校主体建筑用地面积约30636m²。场内挡土墙根据现场地形及总图规划标高确定，主要分为挖方挡土墙，挡土墙高度在0.5~6m，坡上采用仰斜式毛石混凝土挡土墙，坡脚采用桩板墙支护（图2-8~图2-11）。

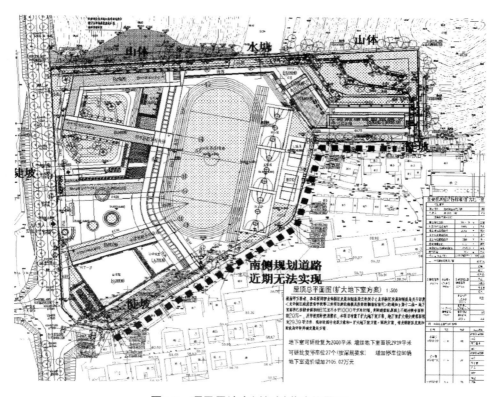

图2-8 项目用地南侧规划道路位置图

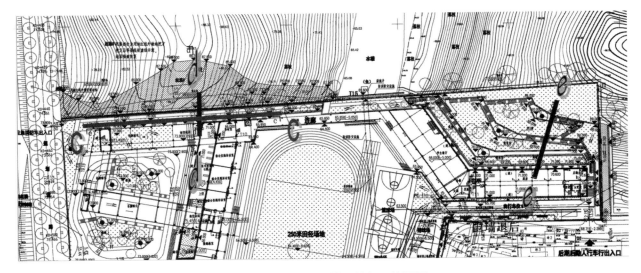

图2-9　项目用地北侧挡土墙剖面位置图

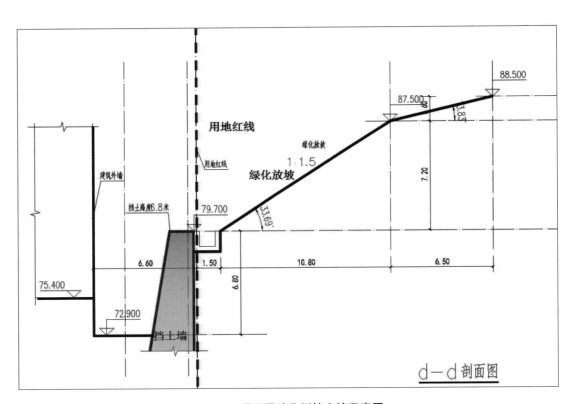

图2-10　项目用地北侧挡土墙示意图

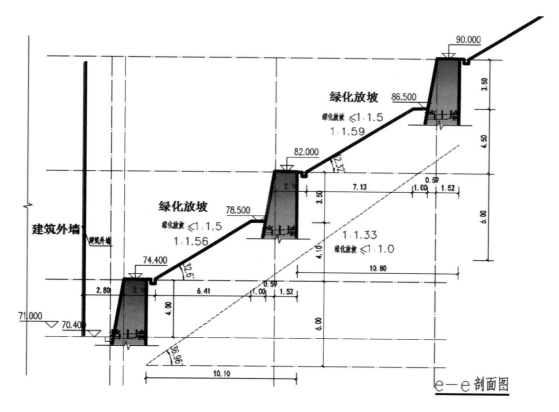

图2-11 项目用地北侧挡土墙示意图

挡土墙支护工程专项设计目标及原则:

1)治理目标:采用工程治理辅以安全监测,确保拟建场地内形成的高边坡70年内稳定和安全。

2)治理工程的设计依照如下原则:

① 通过边坡整治,在整个范围内每个部位、每个剖面、每种工况均达到安全要求。

② 边坡治理同环境保护相结合,减少边坡治理对环境的影响。

③ 遵循在现有的技术条件下做到施工技术成熟、方便、安全可靠、经济合理。

3. 防洪工程专项设计

在本方案设计中,为了降低建造成本,在高坡地区少量挖方建造教学楼,以获得坚实的地基和良好的日照与通风,在原有地形低洼的小水塘处,填平建运动场,在东侧高地修建僻静的生活区——教工宿舍及食堂,通过架空层及附属教学用房将教学区与生活区相连。

项目位于东西两侧山体之间的山谷洼地,项目建设需要填筑山体间的洼地。在汛期,降雨会汇集,可能会形成山洪冲击项目所在区域,导致项目区域易发生内涝灾害。因此,该项目要做防洪专项设计。

防洪总体思路是沿项目区域外围山体开挖排洪沟，拦截山洪，在项目区域外围沿规划道路埋设排洪管，并依据地形在项目内部地势低洼处设置主排洪箱涵，疏导截排山洪进入排洪箱涵，并最终排入南侧河道（图2-12~图2-14）

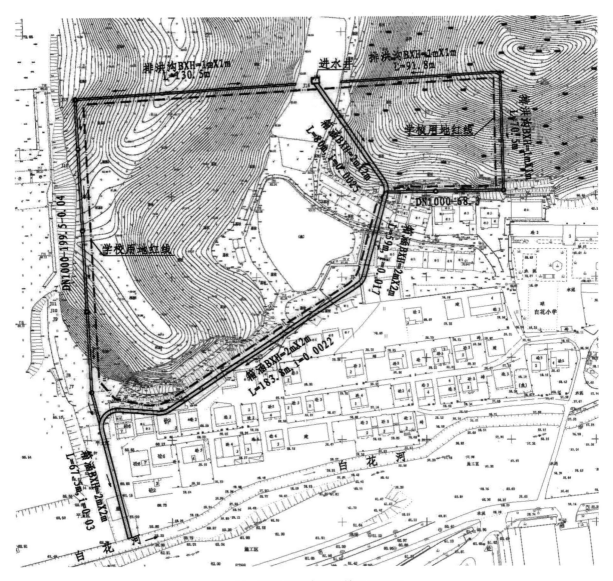

图2-12 项目场地内排洪箱涵位置图

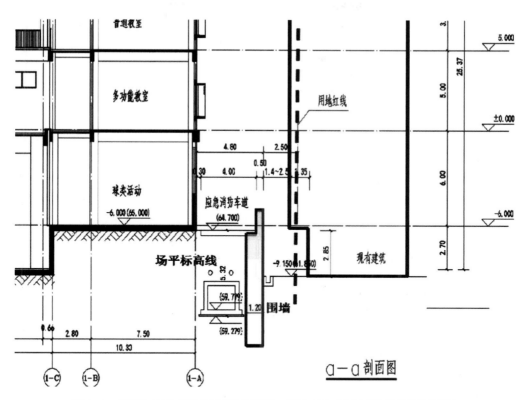

图2-13 项目用地南侧用地红线处箱涵、挡土墙与现有居民楼位置剖面图

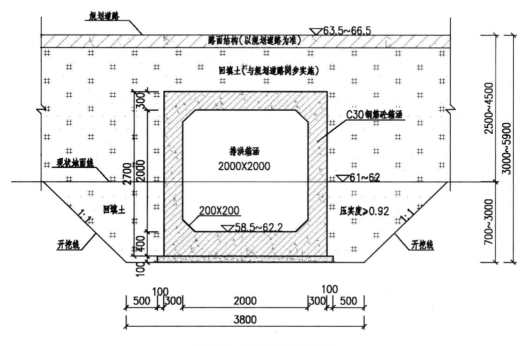

图2-14 排洪箱涵横断面图

4. 选址不当而带来的工程成本增加

根据地形及地质情况，采取边坡挡土墙设计及场地的防洪设计，其本身设计工作并不复杂，但是从学校建设初期的选址工作来看，其违反学校设计规范，学校设计规范不允许学校用地存在地质安全隐患。当时发生的特大山体滑坡事件，促使政府决策部门更加重视学校选址安全性问题。

重新论证学校选址工作使得学校建设进度延误了14个月，付出了时间的代价。另一个代价是工程造价的提高，最终的项目概算比先前的可行性研究报告所批复的概算额外增加了2700万元的挡土墙工程量，其中包括增加783万元的基坑支护工程量，增加防洪用的箱涵203万工程量，增加山地与水塘的1100万元土方工程量等，这些新增加的工程量占概算总额的20%。

二、加强建设项目选址意见书的审查与论证

1. 建设项目选址意见书的审查

一般情况下，中小学校项目的选址通过两种途径获得，一是规划的法定图则已经明确的用地，二是通过项目立项（建设项目建议书立项）提出选址申请，然后由规划部门核准后，调整该区域的法定图则（或规划）来确定项目的选址。具体说明如下：

第一种方式，一般是教育局提出中小学校的学位要求，上报政府各职能部门，最终责成规划部门在区域规划的法定图则上给出具体位置、规模、红线、退让等设计条件。然后，教育局提出筹建学校的申请，由工务署（局）牵头，委托工程设计咨询单位进行学校的建设项目建议书的编制及审批工作，完成立项程序。之后，依据立项批文及法定图则等文件办理建设项目选址意见书，然后进行该项目可行性研究报告的编制及审批工作。

第二种方式，是在学校项目已经开始立项或已办理建设项目建议书编制的时候，尚未确定项目选址或存在多个选址可能的。在这种情况下，建设单位（工务署）要办理选址申请工作，最终需规土部门核准项目选址，并由规划部门调整控制性规划及法定图则。

通常情况下，第一种情况占绝大多数，即选定学校建设的位置之后，才进行学校的立项、建设项目建议书、建设项目选址意见书工作。

2. 建筑师应参与建设项目选址的论证

目前，中小学校建设项目的选址，几乎没有经过公开论证、评审环节，建筑师也很少有被邀请参与项目选址的论证工作。结果是，一些学校在建筑设计时才会发现选址有问题，包括由于地质、地形、环保、交通、绿化等方面的问题，以至选址不适于学校的设计与建设。究其原因，是缺少项目选址论证报告的编制、评审环节。项目选址的论证程序对于选址有特殊复杂情况的建设项目显得非常重要。

根据《城乡规划法》及《建设项目选址规划管理实施办法》的规定，建设项目的选址论证报告主要内容应包括：

1）建设项目选址条件：

①项目选址的地理位置，拟选用地周边地块用地性质和自然环境，选址敏感点分布情况。

②项目所在区域概况，地形、地貌、工程地质、气象水文等条件。

③项目所在区域交通运输条件。

④项目所在区域供水、能源供应条件。

⑤项目所在区环境质量现状。

2）编制建设项目选址报告，应当着重论述项目与城乡规划的关系，与周边用地的相容性，与选址敏感点的衔接和协调。

3）城乡规划应当包括项目所在地域、城市、乡镇、村庄和工业园区的总体规划。论述建设项目与城乡规划的关系，内容应当包括：

①明确项目与各级规划区范围的位置关系。

②说明项目性质与规划确定的城市性质、职能和发展目标是否符合。

③明确项目与规划划定的禁建区、限建区、适建区范围的位置关系。

④论述项目拟选用地与规划确定的空间布局、用地安排及相应的控制指标是否吻合。

⑤当项目位于城市中心城区、县城区、镇区和乡驻地范围以外时，应当明确项目建设与规划区空间增长的关系。

⑥建设项目可根据自身场地形状，分为点状项目、线状项目和点线结合项目等类型，论述时应当加以区分。

⑦当建设项目位于工业集中区时，应当明确项目与周边项目在产业、能源、生产工艺、基础设施等方面的联系。

4）论述建设项目是否满足用地基本要求。包括用地面积、用地形状、自然条件、工程地质、水文地质、交通运输、周边环境等方面的要求。

5）论述项目与周边用地的相容性，内容应当包括：

①依据《城市用地分类与规划建设用地标准》（GB 50137—2011）和《村镇规划标准》（GB 50188—2007），明确建设项目及周边地块的用地性质。

②论证建设项目与周边地块用地性质的关系。

6）选址敏感点，包括建设项目周围一定范围内学校、水源保护地、军事设施、自然保护区、风景名胜区、文物古迹和重要基础设施等，应尽可能给出选址敏感点的性质、规模和距项目边界距离等。

7）论述建设项目与环境保护是否协调，应当分析项目建设对于所在区域的环境影响及拟采取的措施。环境影响包括对大气、水、固废、声、电磁、生态等环境的影响。

8）论述建设项目与拟选用地所在区域的城市（镇）或工业园区的交通、通信、能源、市政的衔接和协调。

9）论述建设项目所需的生活设施配套与拟选用地所在区域的城市（镇）或工业园区生活居住及公共设施的衔接和协调。

10）论证建设项目与预防洪水灾害、气象灾害、地震灾害、地质灾害、海洋灾害等规划以及消防规划的衔接和协调。

11）对于中小学校建设项目，一定要满足《中小学校设计规范》（GB 50099—2011）中关于选址及总平面布局的规范要求。

第三章 >>>>
建设项目可行性研究报告

可研报告的编制与评审工作在项目建设中非常重要，是项目建设的重要依据。本章第一节中，主要介绍可研报告的定义、作用、内容及审批程序、可研报告与建设项目建议书的区别。本章第二节中，通过一个实际案例的介绍，来说明建筑设计在可行性研究报告编制过程中的重要作用。

第一节　建设项目可行性研究报告概述

一、建设项目可行性研究报告的定义

建设项目可行性研究报告是拟建项目的最终决策研究文件。它是项目决策的主要依据，是项目设计任务书编制、列入国家计划、向信贷部门提出贷款要求等的依据。

编制建设项目可行性研究报告的重要依据是批准的建设项目建议书，其编制工作是由项目建设单位通过招标投标或委托等方式，由确定有相应资质的单位承担。

建设项目可行性研究报告的编制是项目建设程序中十分重要的阶段，将为组织审查、咨询金融等单位评估提供政策、技术、经济、科学的依据。通常情况，项目可行性研究报告的编制工作可分为三个阶段：

1. 机会（鉴别）研究阶段

机会研究阶段是可行性研究的起点。投资机会研究又称投资机会论证。这一阶段的主要任务是提出建设项目方向的建议，即在一个确定的地区和部门内，根据自然资源、市场需求、国家产业政策和国际贸易情况，通过调查、预测和分析研究，选择建设项目，寻找投资的有利机会。

机会研究要解决两个方面的问题：

1）社会是否需要。

2）有没有可以开展项目的基本条件。

在这部分工作中，需要有建筑设计专业的技术人员参加，包括对项目选址的论证、建设规模及建设条件的论证。

2. 初步可行性研究阶段

初步可行性研究也称预可行性研究，是正式的详细可行性研究前的预备性研究阶段。初步可行性研究是投资项目机会研究和详细可行性研究的中间性或过渡性研究阶

段。　本阶段的主要目的是：

1）确定是否进行详细可行性研究。

2）确定哪些关键问题需要进行辅助性专题研究。这里最主要的问题就是项目的选址与项目建设规模。

3. 详细可行性研究阶段

详细可行性研究也称技术经济可行性研究或最终可行性研究，是可行性研究的主要阶段，是建设项目投资决策的基础。它为项目决策提供建设的必要性、可行性的评价依据，为项目的实施提供科学依据。这一阶段的主要目标有：

1）提出项目建设方案，并进行方案比较，这项工作应该由建筑师主导完成。

2）效益分析和最终方案选择，这项工作应该由造价工程师与建筑师共同完成。

3）确定项目投资的最终可行性和选择依据标准，这项工作应该由建筑师主导、造价工程师配合完成。

现实工作中，为加快中小学校的建设，减化程序，政府有关部门基本上都淡化前面两个阶段，在建设项目建议书审批通过后，就直接进入详细可行性研究报告的编制阶段。这种做法的确加快了建设进度，但也忽视了项目的选址、建设规模、建设条件、建设方案等技术专业方面的论证。

二、建筑师在建设项目可行性研究报告编制中的作用

作为建设项目决策期工作的核心和重点，可行性研究工作在整个编制过程中，建筑师应发挥非常重要的作用。主要体现在：

1）提出项目建设规模并加以论述。

2）分析建设用地选址的背景资料，提出选址对于建筑设计的影响问题。

3）对用地市政条件进行分析，提出建设可行性分析。

4）分析、论证现有规划设计条件。

5）提出设计定位、设计草案，并进行方案比较分析。

6）提出绿色建筑设计、建筑节能、海绵城市的设计要求。

7）与造价工程师共同进行工程投资估算的编制工作。

三、建设项目可行性研究报告的内容及审批程序

1. 建设项目可行性研究报告的主要内容

1）项目概况。

2）项目建设的必要性。

3）市场预测。

4）项目建设选址及建设条件。

5）建设规模和建筑设计方案。

6）项目外部配套设施。

7）环境保护。

8）劳动保护与卫生防疫。

9）消防。

10）节能、节水。

11）总投资及资金来源。

12）经济、社会效益。

13）项目建设周期及工程进度安排。

14）结论。

15）附件。

下面列举一个学校的可行性研究报告编制的目录，具体介绍可行性研究报告的架构。

2. 建设项目可行性研究报告的审批

大中型项目的可行性研究报告，按隶属关系由国务院主管部门或省、自治区、直辖市提出审查意见，报国家发改委审批，其中重大项目由国家发改委审查后报国务院审批。国务院各部门直属及下放、直供项目的可行性研究报告，上报前要征求所在省、自治区、直辖市的意见。小型项目的可行性研究报告，按隶属关系由国务院主管部门或省、自治区、直辖市发改委审批。

可行性研究报告获得发改部门批准后，建设单位便可进行工程的建筑设计招标工作，或者开始进行工程的总承包招标工作（EPC）。

所批准的可行性研究报告的建设规模、用地选址、规划条件将作用建筑方案设计的依据。

四、建设项目可行性研究报告与建设项目建议书的区别

1）建设项目建议书阶段所做的只是对建设项目的一个总体设想。从宏观上考察项目的必要性和建设条件是否具备，确定是否确立此项目。可行性研究报告是在立项的基础上，对拟建项目的技术、经济、工程建设等方面进行分析论证，比对不同的方案，提出推荐方案的意见。

2）建设项目建议书是建设程序的最初阶段，依据是经济和社会发展规划。而可行性研究报告是在已知其符合国家经济要求的前提下，对项目的技术、经济进行预测、分析。

3）建设项目建议书投资估算误差一般在20%，可行性研究报告投资估算误差一般在10%。

4）建设项目建议书的研究目的是推荐项目，可行性研究报告是通过分析比较，择优提出详细工程方案。

5）建筑师在建设项目建议书阶段主要作用是参加项目的规模、选址等方面的分析与论证工作。在项目可行性研究阶段，除了上述工作之外，建筑师更偏重于项目的建筑方案设计及比较、论证方面工作。

第二节　建筑设计在建设项目可行性研究报告中的作用

一、案例分析

下面介绍可行性研究报告的建筑设计内容，来说明建筑设计工作在可行性研究报告编制工作中的重要性。

1. 用地面积及建设规模的计算

根据当地规划部门下发的建设项目选址意见书，以及教育局的立项报告等依据，

可行性研究报告中论述了项目建设用地及建设规模。主要内容如下：

　　本项目建设54班九年一贯制学校（36班小学、18班初中），提供2520个公办学位，项目总占地面积为25482.00m²。主要建设内容及规模为：拟建总建筑面积为53478.00m²，其中必配校舍用房建筑面积 为35534.00m²（含垃圾中转站，建筑面积为200.00m²），选配校舍用房建筑面积为4400.00m²，架空层建筑面积5040.00m²，停车场及设备用房8504.00m²。运动场地：建设 250m标准环形跑道操场1个，篮球场3个，排球场（兼羽毛球场）2个。室外设施包括校园道路、广场、绿化、隔声屏障等（图3-1、图3-2）。

　　按照当地城市规划标准与准则，九年制学校生均用地面积为9.5～15m²。若按照72班九年制学校建设项目用地面积 31920～50400m²，项目现总用地面积为25482.00m²，低于 72班九年制学校用地面积，建设用地不能够满足72班建设需求。若按54班九年制学校用地面积 23940～37800m²，建设用地高于54班九年制学校用地面积下限。因此，根据现有用地规模，建设54班九年一贯制学校是可行的。

　　根据城市规划和国土资源委员会、市教育局的规定，学校建设应提高土地利用率，在满足《中小学校设计规范》（GB 50099—2011）强制性条文的前提下，从因地制宜、实事求是、解决学校空间利用的角度出发，根据用地条件，进一步优化设计，合理布局。根据当地的九年制学校建筑面积指标要求计算得出学校的房间面积统计表（表3-1）。

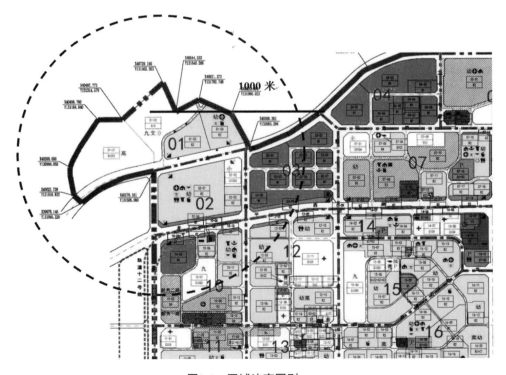

图3-1　区域法定图则

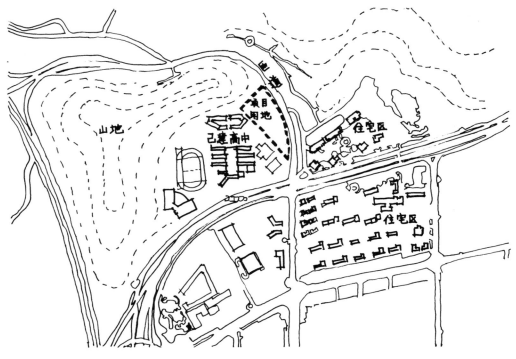

图3-2　项目用地位置图

表 3-1　建筑面积统计表

序号	用房名称	54班/2520人标准规模					本次拟建规模（54班/2520人）				使用差值（新建-标准）	建筑差值（新建-标准）	备注
		平面系数	每间面积/m²	间数/间	使用面积/m²	建筑面积/m²	平面系数	间数/间	使用面积/m²	建筑面积/m²			
一	必配校舍用房合计				21238	35534			21238	35534	0	0	
1	教学及辅助用房				16261	28421			16401	28608	140	187	
1.1	教室			63	5175	9409		63	5175	9409	0	0	
1.1.1	普通教室	0.55	80/85	54	4410	8018	1	54	4410	8018	0	0	
1.1.2	机动教室	0.55	85	9	765	1391	1	9	765	1391	0	0	
1.2	专用教室			42	5192	9440		42	5192	9440	0	0	
1.2.1	计算机（语言）教室（含辅助室）	0.55	124	6	672	1222	1	6	672	1222	0	0	
1.2.2	创新实验室	0.55	100	2	200	364	1	2	200	364	0	0	
1.2.3	劳动技术教室（含辅助室）	0.55	124	4	448	815	1	4	448	815	0	0	

（续）

序号	用房名称	54班/2520人标准规模					本次拟建规模（54班/2520人）				使用差值（新建-标准）	建筑差值（新建-标准）	备注
		平面系数	每间面积/m²	间数/间	使用面积/m²	建筑面积/m²	平面系数	间数/间	使用面积/m²	建筑面积/m²			
1.2.4	科学教室（含辅助室）	0.55	148	3	396	720	1	3	396	720	0	0	
1.2.5	探究实验室	0.55	150	1	150	273	0.55	1	150	273	0	0	
1.2.6	音乐教室	0.55			300	545	0.55		300	545	0	0	
1.2.7	器乐排练室（含器材室）	0.55	124	1	124	225	0.55	1	124	225	0	0	
1.2.8	舞蹈教室（含更衣室）	0.55	205	2	410	745	0.55	2	410	745	0	0	
1.2.9	美术教室（含器材室）	0.55	124	3	348	633	0.55	3	348	633	0	0	
1.2.10	艺术教室（含辅助室）	0.55	100	12	1200	2182	0.55	12	1200	2182	0	0	
1.2.11	理化生实验室	0.55	124	6	744	1353	0.55	6	744	1353	0	0	
1.2.12	史地教室	0.55	100	2	200	364	1	2	200	364	0	0	
1.3	公共教学用房				5894	9572			6034	9759	140	187	
1.3.1	多功能厅	0.75			360	480	0.75		500	667	140	187	
1.3.2	合班教室	0.55	150	3	450	818	0.55	3	450	818	0	0	
1.3.3	图书室（馆）	0.55			1260	2291	0.55		1260	2291	0	0	
1.3.4	社团活动室	0.55	40	9	360	655	0.55	9	360	655	0	0	
1.3.5	心理咨询室	0.55			90	164	0.55		90	164	0	0	
1.3.6	德育展览室	0.55	100	1	100	182	0.55	1	100	182	0	0	
1.3.7	体质测试室	0.55	50	1	50	91	0.55	1	50	91	0	0	
1.3.8	体育馆（含体育器材室）	0.75		1	2000	2667	0.75	1	2000	2667	0	0	
1.3.9	教师办公室	0.55			1224	2225	0.55		1224	2225	0	0	
2	办公用房				659	1014			659	1014	0	0	
2.1	行政办公室	0.65			279	429	0.65		279	429	0	0	

（续）

序号	用房名称	54班/2520人标准规模					本次拟建规模（54班/2520人）						备注
		平面系数	每间面积/m²	间数/间	使用面积/m²	建筑面积/m²	平面系数	间数/间	使用面积/m²	建筑面积/m²	使用差值（新建-标准）	建筑差值（新建-标准）	
2.2	广播室	0.65	30	1	30	46	0.65	1	30	46	0	0	
2.3	卫生保健室	0.65			80	123	0.65		80	123	0	0	
2.4	团队室	0.65	40	2	80	123	0.65	2	80	123	0	0	
2.5	会议接待室	0.65	100	1	100	154	0.65	1	100	154	0	0	
2.6	网络控制室	0.65	30	1	30	46	0.65	1	30	46	0	0	
2.7	安防监控室	0.65	30	2	60	92	0.65	2	60	92	0	0	
3	生活服务用房				4318	6099			4178	5912	−140	−187	
3.1	总务用房	0.65			400	615	0.65		400	615	0	0	
3.1.1	新建垃圾中转站	0.65								200			
3.1.2	其他用房	0.65								415			
3.2	教职工和学生食堂	0.75			2654	3539	0.75		2514	3352	−140	−187	
3.3	后勤辅助用房	0.65			216	332	0.65		216	332	0	0	
3.4	厕所	0.65			1008	1551	0.65		1008	1551	0	0	
3.5	传达值班室	0.65			40	62	0.65		40	62	0	0	
二	选配校舍					4400				4400	0	0	
1	专用录播教室	0.55			100	182	0.55		100	182	0	0	
2	教职工活动用房	0.65			187	288	0.65		187	288	0	0	
3	教职工宿舍		35	78		2730		78		2730	0	0	
4	游泳馆					1200				1200	0	0	
三	停车场及设备用房					8504				8504		0	
1	学校停车场		45	159		7155		159		7155		0	
3	设备用房					1349				1349		0	
四	架空层					5040				5040	0	0	
五	总计					53478				53478		0	

上述房间面积的取值是当地九年制学校指标标准，这比《中小学校设计规范》（GB 50099—2011）中的取值要高，而且根据此标准，增加选配校舍面积、地下停车库及首层架空面积。

考虑到中小学校建设利国利民，因此可行性研究报告的编制单位、发改部门、评审专家在中小学校建筑面积指标上尽可能放宽，尽量取当地设计标准的上限值。

2. 选址与建设条件分析

本项目场地现状为山体，西侧为一所高级中学，东侧为高速公路匝道出口，形成中间高两侧低的地形，地块东侧与高速公路匝道存在6~11m高差，地块与西侧高差最大约30m，山上植被茂密。规划设计条件要求场地设计不能考虑借用西侧高中的交通系统，同时又要求减小土方开挖量。本项目建设最大问题是用地无法与周边市政道路相接，就好像是悬在高处的一座孤岛（图3-3~图3-5）。

从原来的规划可以看到，北侧原为一块完整的学校用地，西侧为一期建设的高中部。后来在用地中间开设了一条连接高速公路的匝道，把整个学校用地切割成两块独立用地。此匝道把南侧城市干道与北侧高速公路衔接，考虑到道路的高差问题，此匝道深深嵌入到山地之间。匝道的东侧坡地已建成了一片住宅区，西侧为高中，现在只留下了中间的楔形"边角余料"用地。

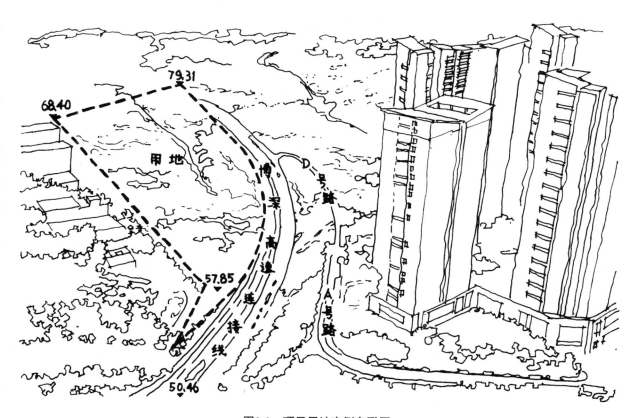

图3-3　项目用地南侧鸟瞰图

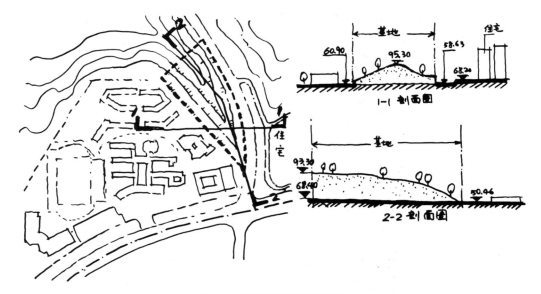

图3-4 项目用地标高示意图

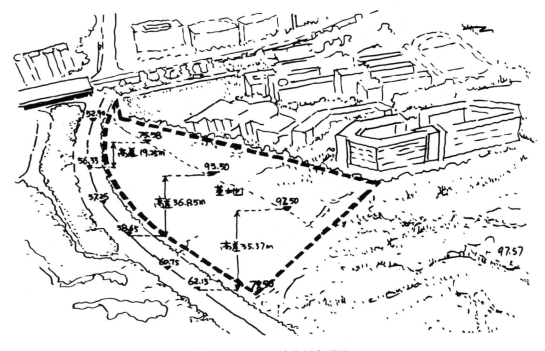

图3-5 项目用地北侧鸟瞰图

3. 项目建设的不利条件

根据中小学校建筑的性质及特点，在校址选择时应满足以下几点要求：

1）《中小学校设计规范》（GB 50099—2011）第4.1.5条规定"学校周边应有良好的交通条件，有条件时宜设置临时停车场地。学校的规划布局应与生源分布及周边交通相协调。与学校毗邻的城市主干道应设置适当的安全设施，以保障学生安全跨越。"

2）第4.1.2条规定"中小学校严禁建设在地震、地质塌裂、暗河、洪涝等自然灾害及人为风险高的地段和污染超标的地段。"

3）学校应远离交通喧闹的街道和有噪声的工厂、铁路、车站，校区不得有高压输电线穿过，不得与危及学生身心健康和安全的易燃易爆危险品仓库毗邻。

按上述要求，本项目用地存在缺陷。首先，场地内高差过大，功能各个分区之间联系不便。其次，场地与匝道高差过大，无法与匝道连接。而且东侧匝道的噪声干扰大。因此要求建筑师认真研究建筑方案解决上述问题。

4. 建筑布局分析

可行性研究报告的方案建议把学校分成三大功能区块（运动、生活、教学）。

生活区设于西北角，处于基地下风向。

运动区设于基地东北侧，依山就势，把运动场平台抬高，减小城市交通噪声对教学区的干扰，运动场下方放置体育馆、架空球场等大空间建筑。

教学区结合场地地形，呼应西侧高中建筑肌理及空间轴线，按规范依次布置建筑物。基地南侧尖角处退让形成街角空间；教学区主入口处设二层平台与运动场连接，提高人行便利性；三层建筑内活动平台与大操场无缝对接；建筑单元之间设多个公共平台进行连接。校园场地设计因地制宜，各个平台顺应山势，层层叠退，从而形成活跃的空间组合（图3-6）。

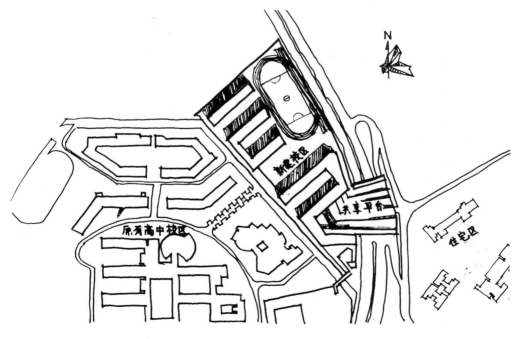

图3-6　总平面图

5. 交通组织设计论证

从上面介绍的项目场址及建设规模可以看出，此用地作为54班九年一贯制学校的建设用地来讲，在交通方面是不合适的，2520位学生与教师，159辆车，交通及停放条件是很困难的。

可行性研究报告给出的答案是：

1）基地内部：

竖向布局上，交通环岛平台层主要设置学生接送中心与车库，同时可直达东北侧架空体育馆，方便对外开放。人行主入口广场标高层主要设计竖向交通与架空活动空间，使小学与初中分流。

水平布局上，普通教学楼集中布置，小学区人数较多，与主入口广场结合，缩短接送距离；中学区设于北侧，中学生可由架空层直接到达，与小学流线互不干扰；图书馆、报告厅等公共教学资源设在中心区域。宿舍和食堂均布置在基地的下风向，减小对教学区的干扰。

2）基地外部：

通过双层立体交通平台实现人车分流，下层交通环岛平台承担了车行、接送、后勤三大功能，避免家长在等待时造成拥堵，缓解新建学校对市政路带来的交通压力。上层主入口广场设计风雨廊方便人行接送，同时也可作为城市公共广场。

可行性研究报告提出的这个解决方案，就是在用地东侧的匝道上空设计一个双层交通平台，下层设计交通环岛解决车行及接送功能，上层设计大平台与东侧用地连接形成校园主入口广场（图3-7、图3-8）。

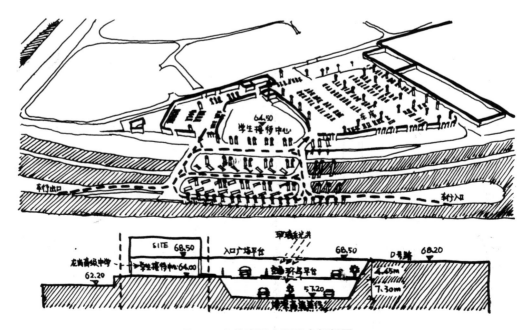

图3-7 立体双层交通平台解析图

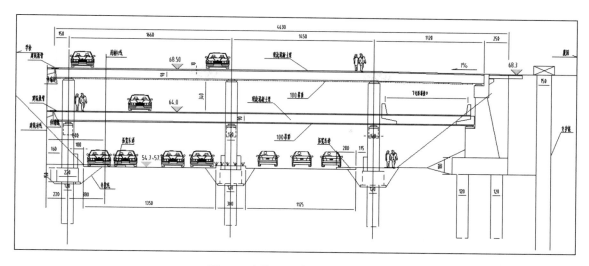

图3-8 立体双层交通平台剖面图

本项目的交通组织设计比较复杂，是本项目建设的重点也是难点。因此，可行性研究报告应在交通方面仔细论证，提出多种方案进行比较。在本可行性研究报告中提出唯一的交通组织方案是双层交通平台方案。此方案可以解决学校的学生流线及教师车辆交通问题，但是，此方案存在造价高、规模大、影响范围广、环境破坏严重、影响城市交通问题。

在评审会上，专家提出，该九年制学校的建设应该与西侧的高中一并研究交通问题，一并管理，也就是把两所学校变成一所集小学、中学、高中的综合类学校。可行性研究报告应提出建议：在方案设计前，请教育、交通、环保、规划等有关部门开协调会，研究九年制学校与高中统一管理事宜。这样就可以利用现有的高中学校的交通资源来解决九年制学校的交通问题，其中包括车辆交通、学校学生出入口及接送问题。这是相比建设立体交通平台更加实际的交通组织方案。

还有，本项目提出的双层立体交通平台的做法要先进行可行性研究论证，等交通部门及发改委批准了之后，才可作为学校交通组织方案的设计依据，可行性研究报告阶段不应把立体交通平台的交通组织解决方案作为唯一的方案，应进行方案比较及论证。

6. 场地安全处理措施

根据可行性研究报告中的建筑方案论述，用地的每个台地标高都要比相邻的西侧高中及东侧的匝道高出6~10m，在北侧要挖土形成与原山坡20米的高差。这些高差的形成必然要增加大量的挡土墙及边坡支护工程，要增加大量的建造成本（图3-9）。而这些工程的施工都会对东侧匝道、西侧学校的使用产生重大影响，同时也会对本项目的建设带来许多制约因素及诸多安全隐患，包括建筑物的退让距离会加大，建设用地面积会大大减少，还需削掉北侧的山，放坡，然后恢复植被。同时挡土墙与边坡的建造也会对建筑的基础、主体建设产生巨大的制约。

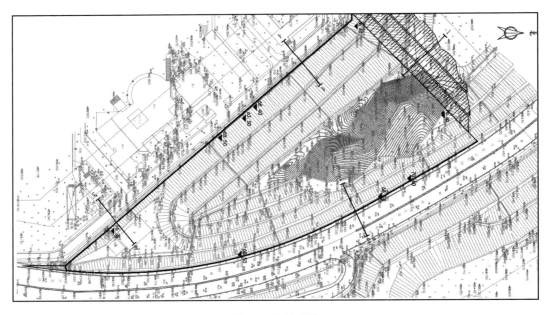

图3-9 边坡支护

7. 深化建筑设计方案

从上面的分析中可以看出，建设项目可行性研究报告不仅要论证项目建设的必要性，还要通过建筑设计方案的深化比较来论证建设项目选址、建设规模、建设条件、地质情况、建设方案、交通、消防等多方面问题，展开重点的有针对性的论述，提出建议及各注意事项。在论述中提出多个方案比选，供建设方及政府各部门开展下一阶段的决策，也只有这样才能得出比较准确的投资估算。

二、加强建设项目可行性研究工作中的建筑设计的作用

在建设项目可行性研究报告编制过程中，建筑设计方面的论证工作从头到尾都扮演着举足轻重的作用，内容主要表现在项目选址、建设规模、建筑方案、投资估算方面。正如前面案例所述，有的学校项目的选址就不利于学校建设，具有地质安全性隐患。而对于建设规模、建筑规划布局的确定，更需要具有建筑专业知识的设计人员参与研究论证。而建筑方案的设计与比较工作更能有效地论证项目选址的合理性、安全性，同时也为建筑工程投资估算编制起到非常准确的依据作用。

现在，越来越多的政府部门，尤其是发改部门、工务署（局）提出先进行建筑方案招标，在确定方案后，由设计中标单位编制可行性研究报告。这样使得可行性研究报告更具建筑专业性、更具有说服力，使得上报的工程估算更加准确，将来设计单位上报的工程概算与工程估算的差值不会太大。

第四章 ▶▶▶▶
建设用地规划许可证

建设用地规划许可证是建筑方案设计与报审的前提条件。本章第一节主要介绍建设用地规划许可证的定义、申请、办理。本章第二节主要通过一个实际案例的介绍，说明建筑师应参与建设用地规划许可证编制中的建设规模、指标、设计要求的编制，以及应参与对建设用地规划许可证的复核、论证、修改等工作。

第一节　建设用地规划许可证概述

一、建设用地规划许可证的定义

《建设用地规划许可证》是经城乡规划和国土资源部门确认建设项目位置和范围符合城乡规划的法定凭证，是建设单位用地的法律凭证，是建设单位向规划和国土资源管理部门申请征用、划拨土地的依据，是建设活动中接受监督检查时的法定依据。

建设用地规划许可证简称"地规证"，主要内容包括：

规划指标，地块位置、用地性质、红线、规划总用地界线、规划可用地界线、开口位置及坐标、开发强度（建筑密度、建筑控制高度、容积率、绿地率等）、地上及地下车位数量、地上建筑面积与地下建筑面积、主要交通出入口方位、停车场泊位及其他需要配置的基础设施和公共设施控制性指标、人口数量、建筑形式与风格、历史文化保护和环境保护要求等。

《建设用地规划许可证》是由当地规划和国土资源部门批复的。建设单位取得《建设用地规划许可证》之后，就确认有关建设活动的合法地位，保证有关建设单位和个人的合法权益。

二、建设用地规划许可证的申请

1）凡在城市规划区内进行建设需要申请用地的，必须持国家批准建设项目的有关文件，向城市规划和国土资源部门提出定点申请。

2）城市规划和国土资源部门根据用地项目的性质、规模等，按照城市规划的要求，初步选定用地项目的具体位置和界限。

3）根据需要，征求有关行政主管部门对用地位置和界限的具体意见。

4）城市规划和国土资源部门根据城市规划的要求向用地单位提供规划设计条件。

5）审核用地单位提供的规划设计总图。

6）核发建设用地规划许可证。

建设用地规划许可证应当包括标有建设用地具体界限的附图和明确具体规划要求的附件。附图和附件是建设用地规划许可证的配套证件，具有同等的法律效力。附图和附件由发证单位根据法律、法规规定和实际情况制定。

第二节　建筑设计对办理建设用地规划许可证的作用

一、建设用地规划许可证与用地方案图的内容

建设用地规划许可证的内容是建筑方案设计的重要依据，一般情况下，用地方案图作为建设项目规划许可证的附件一同下发给设计单位。

下面举例介绍一个学校建设用地规划许可证（图4-1），上面所表达的设计条件信息主要包括：

1）总用地面积：30591.09m^2。

2）建筑容积率≤0.95。

3）建筑覆盖率≤30%。

4）建筑间距：满足相关规范要求。

5）建筑高度或层数：≤30m。

6）建筑面积：29096m^2，其中教学及教学辅助用房17898m^2、办公用房2152m^2、生活服务用房3266m^2、教工宿舍1380m^2、连廊及架空层4400m^2。

7）总体布局及建筑退红线要求布局：

建筑退红线要求：各侧一级退线≥6m，二级退线≥9m，且与相邻地块、建筑的间距须满足相关规范的要求。

绿化覆盖率≥40%。

综合径流系数≤0.4。

除上述规定外，该地块建设须符合国家、省、市及区有关绿色建筑和低冲击开发的相关规定，并尽量减少对周边山体的开挖，保护原有的生态景观资源；其余未尽事项应满足当地设计要求、相关规划及其他技术规范的要求。

8）市政设施要求

车辆出入口的位置可以开向场地周边城市支路。

人行出入口的位置可以开向场地周边道路。

机动车泊位数/辆（自用、公用）没有明确要求（通常情况下，机动车泊位数由设计单位根据相关规定计算）。

室外地坪高度要与周边协调。

给水、雨水、污水、中水、燃气、电源、通信接口的位置见周边市政道路（通常情况下，这些市政资料由当地相关的市政部门或规划部门提供）。

9）备注：

机动车泊位数按当地设计要求配置。

建设单位须按地质灾害危险性评估报告的结论采取相应的地质灾害防治措施，同时地质灾害防治应与项目设计同时进行，地质灾害防治施工与建筑施工同时展开，地质灾害防治工程应与主体工程同步验收。

该项目尚未报市政府备案，最终以市政府备案意见为准。

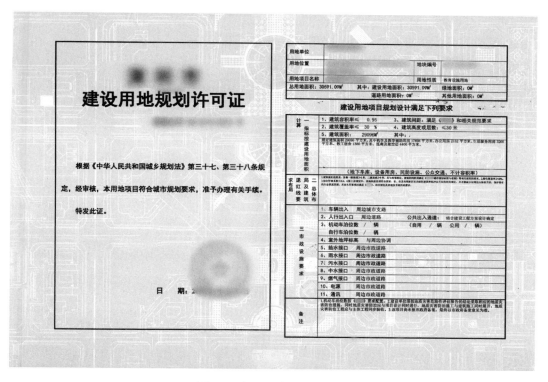

图4-1　建设用地规划许可证

有时，随着建筑用地规划许可证一同下发"建设用地方案图"（图4-2）。从这张建设用地方案图中可以看到如下设计信息：

1）用地各界址点坐标。

2）重要提示：本图仅作用地书面通知，不作为土地使用权的确认，政府不承认出让该地。如申请人在2016年9月2日前不办理正式用地手续，则视为自愿放弃申请，第0次用地审批会批准的该项用地自动失效，本图自行作废，不再做任何通知。

从上述"重要提示"中可以看到，在现阶段（方案投标）该土地作为学校项目建设用地的使用权还没得到规划和国土资源部门的确认，当建设单位（工务局）确定方案后，要在2016年9月2日前办理正式用地手续。

3）附注：该项目用地最终以市政府审批（备案）结果为准。

4）用地红线与周边环境的关系。

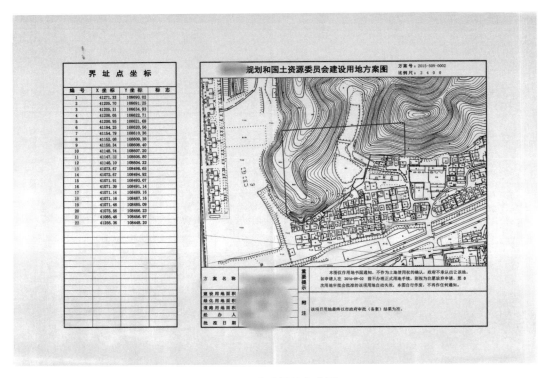

图4-2　建设用地方案图

二、建筑师应参与建设用地规划许可证的编制与论证工作

前面讲过建设用地规划许可证的内容是建筑方案设计的重要依据，因此在建设用地规划许可证的内容的确定与论证过程中，除了应该请城市规划、国土、市政、交通、环保、教育部门参与之外，还应该倾听建筑师的意见。

以本项目为例，建筑师应参与如下论证工作：

1）本项目用地为坡地，中间有水塘，因此建筑师要计算一下哪些坡度范围内可以建房，哪些区域必须避让，然后计算拟建规模可否在本地块实现，确定容积率指标与建筑退让线。

2）本项目的《建设用地规划许可证》没有对用地周边的市政道路情况进行描述，在方案设计初期，经过建筑师实际的调研之后，发现用地西侧、南侧的道路正在规划设计中，还没有正式实施，目前用地被一些居民房占用，近几年之内规划道路无法实施。

3）在用地方案图中显示，用地南侧部分居民楼压在用地红线上。另外，规划部门提供的规划设计图纸表示要在用地南侧红线外建设市政道路。由于存在房屋拆除补偿等原因，南侧现有二十栋居民楼在几年之内无法拆除（图4-3），南侧市政道路近期无法实施。

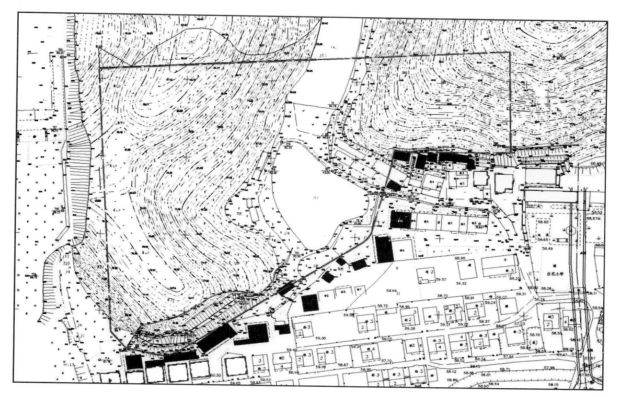

图4-3　项目用地南侧居民楼位置图

　　根据上述实际情况，建筑师需论证本项目可行的车行与人行出入口、消防车流线、后勤流线问题，这些问题都没有在《建筑用地规划许可证》上体现出来，留给方案设计师解决。

　　4）由于南侧居民楼贴近用地红线，甚至有的已经进入用地红线，因此建筑师需提出切实可行的退让红线距离的要求，并在《建设用地规划许可证》上明确体现。

　　5）在项目开始设计时，设计院按照工务署所提供的周边市政道路文件进行学校的交通消防专业设计，等到完成施工图设计准备送审施工图时，又被正式通知南侧道路无法实施，设计院只能修改消防交通设计。这同时给施工带来了很大麻烦。临时施工道路要在建设用地内铺设，道路下面要先建设箱涵、挡土墙。施工现场的物料运输车大部分是从这条"珍贵的狭窄缝隙"中穿梭（图4-4、图4-5）。

　　这说明，如果在建设项目建议书阶段、选址阶段、可研阶段，以及办理《建设用地规划许可证》阶段，建筑师都能及时参与，他们会用专业技术知识提出警示及合理化建议，那么各部门会对用地周边道路情况及将来的实施情况给予足够的重视，各个政府职能部门进行有效的沟通，不会出现后面的麻烦。

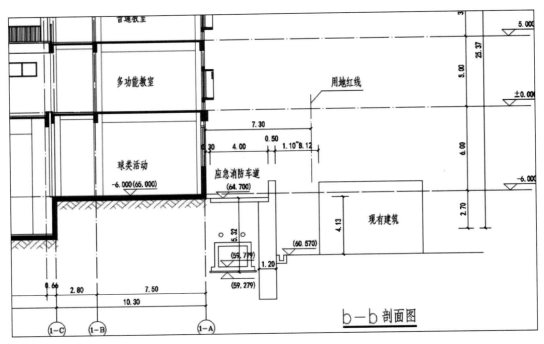

图4-4　项目用地南侧用地红线处箱涵、挡土墙与现有居民楼位置剖面图

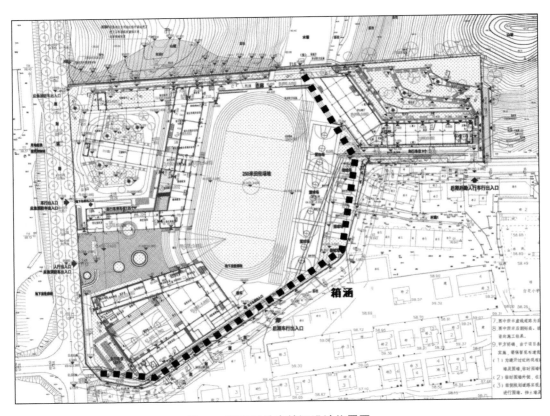

图4-5　项目用地内箱涵设计位置图

　　6）建筑师在设计建筑方案时，对于建设用地规划许可证中相对应的指标一定要仔细复核、论证，尤其是建筑的高度、覆盖率、绿地率、建筑退让、道路开口、市政管线接驳方向等方面。必要时建筑师要现场核实，要同交通部门、市政部门等有关建设管理部门索要最新相关设计条件资料。

　　7）当建筑师发现建设用地规划许可证上的信息与现场不符，市政条件发生变化，建设用地规划许可证中所列的建筑的高度、覆盖率、绿地率等指标在建筑设计中无法实现时，建筑师要及时通知建设单位，并与规划部门沟通，说明情况，争取调整建设用地规划许可证中的指标或补充完整的规划设计信息。

第五章 >>>>
建筑工程方案设计招标投标

建筑工程方案设计是建筑师最重要的工作。本章第一节介绍中小学建筑方案设计招标投标程序与评审。在第二节中，以中小学校的实际方案设计案例，介绍中小学校建筑方案设计的理念及设计方法。

第一节　建筑工程方案设计招标投标概述

一、招标公告

建筑工程方案设计招标方式分为公开招标和邀请招标。全部使用国有资金投资或者国有资金投资占控股或者主导地位的建筑工程项目，以及国务院发展和改革部门确定的国家重点项目和省、自治区、直辖市人民政府确定的地方重点项目，应当公开招标。

对于政府投资的中小学校建设项目均应采用公开招标方式，招标人应当在指定的媒介发布招标公告。招标公告的主要内容应当包括工程概况，招标方式，招标类型，招标单位，招标内容及范围，投标人承担设计任务范围，对投标人资质、经验及业绩的要求，投标人报名要求，招标文件工本费收费标准，投标报名时间，提交资格预审申请文件的截止时间，投标截止时间等。

对于大型中小学校建筑工程项目或投标人报名数量较多的建筑工程项目招标可以实行资格预审。资格预审必须由专业人员评审。经建设单位（工务署）审查后，建设单位将公示符合要求的参加投标的单位名单。资格后审是指在所有设计单位都完成投标之后设计单位进行资格审查。

邀请招标也称为有限竞争性招标，是指招标人以投标邀请书的方式邀请特定的法人或者其他组织投标的行为。相比公开招标，邀请招标的使用是需要满足条件的。有下列情形之一的，可以邀请招标：①技术复杂、有特殊要求或者受自然环境限制，只有少量潜在投标人可供选择；②采用公开招标方式的费用占项目合同金额的比例过大。

二、招标文件

招标文件有固定格式。主要内容包括：

1）招标文件使用说明。

2）招标人或招标代理的联系方式。

3）投标人须知。包括招标项目基本情况（工程名称、招标范围、投标补偿标准、设计费、踏勘现场、招标人对招标文件的澄清或修改、答疑的期限及方式、评标入围方式、评定标方法等）。

4）投标文件编制成果及要求。包括商务标内容、设计文本文件内容（建筑工程方案演示文件、展示图板、建筑模型、业绩文件）、企业资质、项目负责人资质、其他报名条件要求、设计费计算、设计工期、保证金、定标委员会票决淘汰程序、评标程序、定标程序等，有时还包括使用绿色再生建材产品、按照绿色建筑评价标识国家二星级以上（含二星级）或当地（含金级）标准进行规划设计、建设和运营要求。

5）投标须知（招标、投标、开标、评标、定标的程序）。设计任务书及评标要点。

三、招标设计任务书

一般情况下，中小学招标设计任务书由招标代理单位或建设单位编写，主要内容包括：

1. 编制依据

政府有关学校建设文件：可行性研究报告及批复、建设项目选址意见书、周边规划图、地形图、以及当地政府有关学校类的设计规范文件等。

2. 项目规模

例如：九年一贯制学校，办学规模为54个班/2520个学位，总用地面积30630m^2，总建筑面积31096m^2，其中校舍23316m^2，架空层3300m^2，地下室2000m^2，连廊1100m^2，教师宿舍1380m^2。主要建设内容包括：

1）教学楼，建筑面积8329m^2，含架空层1950m^2、教学及教学辅助用房6379m^2。

2）综合楼，建筑面积7310m^2，含地下室2000m^2、架空层730m^2、教学及教学辅助用房2428m^2、办公用房2152m^2。

3）实验楼，建筑面积5752m^2，含架空层620m^2，教学及教学辅助用房5132m^2。

4）图书馆，建筑面积1825m^2。

5）生活服务楼，建筑面积4646m^2，含生活服务用房3266m^2，教师宿舍1380m^2（宿舍数量按教职工人数的30%安排）等。

6）风雨操场2134m^2，连廊1100m^2，室外设施及配套设施等。

7）总建筑规模及各建筑物面积以可行性研究报告的批复文件为准。

3. 规划设计条件和要求

建筑退红线要求：各侧一级退线≥6m，二级退线≥9m，且与相邻地块、建筑的间距须满足相关规范要求；建筑高度：多层；建筑覆盖率：≤30%；绿化覆盖率≥40%；综合径流系数≤0.45；车辆出入口：周边城市支路，具体以经批准的建设工程方案设计为准。机动车泊位数，按相关标准要求配置。

4. 主要规划指标及面积分配

设计中各分项面积指标可在5%范围内浮动，但总建筑面积不能超出建设项目可行性研究报告批复的面积指标。用地面积及规划要求最终以建设用地规划许可证为准。

5. 对项目设计的技术要求

列出当地对学校设计的特殊要求。

6. 设计成果要求

方案设计的说明、总平面图、效果图、平面图、剖面图、分析图等的深度要求。

7. 其他

四、设计答疑

在下发正式的招标文件后，各设计单位同时开始展开设计投标工作。到投标截止的这段时间里，会有"答疑"环节，它是对招标文件条款的重要补充及修改。比如说"合同条款""设计条件""投标文件的格式"等。

一般情况下，投标人（各设计单位）要在交标前的一定时间里，以书面的形式提出对招标文件的质询问题，招标人（工务署、住宅与建设局、代理机构）会汇总这些问题，统一回答。有时，招标人会发出多个补疑文件，这些答疑或补疑文件会在网上公布。

下面举例一所学校的答疑文件（图5-1）。

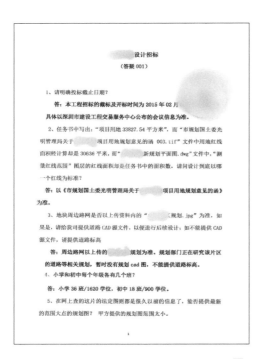

图5-1　答疑文件

五、评审标准

每个项目的招标文件内容不同，评审的标准大同小异。评审标准主要包括以下方面：

1）对方案设计符合有关技术规范及标准规定的要求进行分析、评价。

2）对方案设计水平、设计质量高低、招标目标的响应度进行综合评审。

3）对方案社会效益、经济效益及环境效益的高低进行分析、评价。

4）对结构设计的安全性、合理性进行分析、评价。

5）对投资估算的合理性进行分析、评价。

6）对方案规划及经济技术指标的准确度进行比较、分析。

7）对保证设计质量、配合工程实施，提供优质服务的措施进行分析、评价。

8）对招标文件规定废标的投标文件进行评判。

另外，大部分的招标文件建议评标应关注如下要点：

1）设计原则及功能使用布局。

2）总平面布置、立面效果、色彩搭配。

3）交通组织方案。

4）绿色建筑元素及低冲击雨洪综合利用措施。

5）工程投资。

六、评选结果公示

通常情况下，在评审会议召开后的一至两天内，招标代理或建设单位把评审结果在建设工程交易信息平台网上公示（图5-2）。

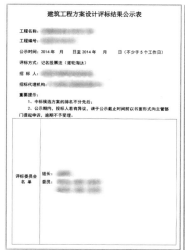
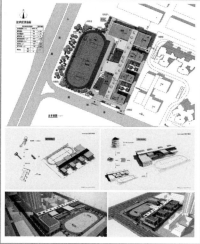

图5-2　中标公示

七、直接定标与评定分离

现在的定标程序有两种，一种是在专家评审会上直接排序，评选出中标候选人，并推荐第一名为中标人。另外一种是根据本工程的评审规定，在专家评审会上，只评审出入围的设计单位，数量不等，一般是3~5家设计单位，不做排序，认为这几家设计单位都满足招标书中的设计要求，建设单位可在这几家设计单位中选任何一家单位作为中标单位，最终的定标权利交还给定标委员会。这也就是通常所讲的"评定分离"。确定中标单位后，招标代理公司下发中标通知书（图5-3）。

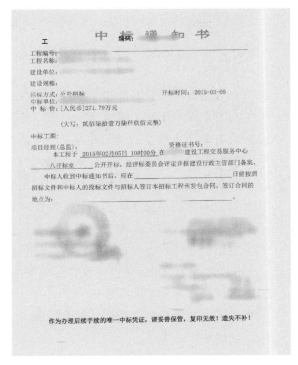

图5-3 中标通知书

第二节 建筑方案设计流程

一、收集资料

1. 熟读设计任务书

设计任务是招标投标文件的重要内容，是建筑方案设计的重要依据。设计任务书中所有内容与指标都来源于可行性研究报告、建设项目选址意见书、建设用地规划许可证等政府文件，具有法律依据。

对于中小学校建筑方案的设计任务书，主要包括规模（学位数量、班级数量）、用地面积、用地红线及退让、主要校舍面积及分配、覆盖率、绿地率等。上述这些依据及指标是不必须遵守的。

2. 收集项目的外围资料

这些资料主要是指市政规划资料，包括该用地区域的规划法定图则、区域控规、详规、周边现状及在建项目情况等。这些信息不会在设计任务书中全部提供，只能通过其他渠道查找，比如说官方网站、相关的设计单位、地产单位、政府职能部门。有些时候，这些外围信息会对建筑方案设计起到颠覆性作用，主要表现在消防间距、日照间距、安全距离、交通组织、地质结构影响等方面。

3.收集气候、水文等自然条件资料

对于学校设计来讲，要关注常年主导风向、温度、湿度、雨水、河流对项目建设的影响。

4.收集当地的历史、人文资料

用地所处区域的历史、风土人情、习俗对方案设计极为重要，尤其是许多学校是扩建工程，更要了解学校以前的历史、办学理念，研读原来的学校办学特点，这些将对方案设计的总体布局、建筑形态、室内外空间起到指导作用。

二、梳理重点及难点问题

对于不同的学校设计项目，其面积指标及功能要求可能类似，但是，由于不同学校的用地面积、地形地貌、周边建筑环境、市政条件等方面存在不同，方案设计的重点及难点就不尽相同。

这里的"重点"也是设计的"难点"，只有把重点问题解决了，方案设计的大原则才不会有问题。

比如有的学校的设计难点是如何充分利用现有地形，形成有特色的学校建筑；有的学校的设计难点是如何使新建筑与老建筑的形态布局协调统一，以及继承原有学校的办学风格与理念；有的学校设计难点是如何解决教学用房的东西朝向防晒的具体问题。

当把"重点"与"难点"问题梳理出来后，方案初期设计阶段才会"有的放矢""纲举目张"，不会让设计理念"信马由缰"。

三、踏勘现场

在方案设计初期，建设单位会组织所有的设计单位对项目现场进行有针对性的踏勘，之后，建筑师会自行再次现场踏勘，经过多次的现场参观、调查、走访，建筑师会对用地情况有更形象、更立体、更真实的印象，提出的方案将更为合理、更具特点、可实施性更高。

比如说前面介绍的那个山地学校设计项目，方案设计初期的现场踏勘非常重要。

建筑师拿着设计任务书和地形图来到现场，发现现场的实际情况与设计资料所描述的有很大区别。任务书说用地西侧及南侧近期将建设城市道路，但是到了现场，建筑师发现近期没有建设道路的可行性。

西侧的规划道路在陡坡上，需要挖掉很多土，降低标高，或是建立高的挡土墙。在南侧根本无法建道路，许多民宅已经贴近学校用地红线，有几栋民宅竟然跃过了学校的用地红线。如果要在南侧建市政道路，就要拆掉很多民宅以留出道路用地及退让间距。但事实是，近期拆除这些民宅是不可能的事。

再有就是现场的地形非常复杂，有一潭积水，旁边有排污渠，用简易的挡土墙及高坡围护。不到现场，真的不知道用地环境这样复杂，光看图纸是看不清楚的（图5-4、图5-5）。

图5-4　现场照片

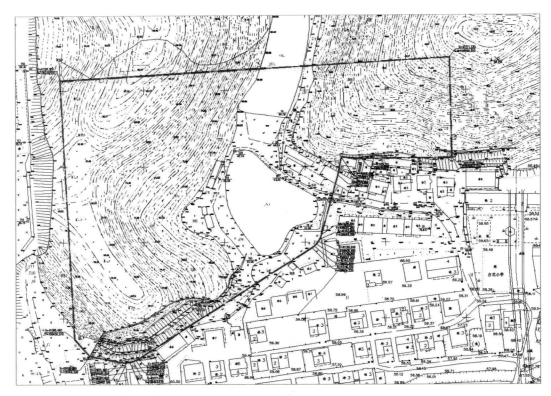

图5-5　用地红线图

四、创意风暴

　　建筑方案设计靠一个设计团队共同协作完成，绝不是仅凭一个建筑师自己就可以完成的，在方案设计前期的创意阶段更是如此。现在中小学校建筑方案设计投标时间很短，除去图纸深化、文件制作的时间，留给方案创意阶段的时间也就只有十天左右。所以，一个方案的形成更是需要依靠团队的力量。

　　对于学校方案设计来讲，设计概念可变性很大，包括运动场的位置、主入口广场、交通流线、功能分区等。把所有的设计制约因素都考虑到位，每个设计师都可以提出好几种想法、多种总平面布局方式。把团队中所有设计师的想法都汇集到一起，会形成多个选择，尽可能把所有总平面布局的可能性全部考虑到，并做出比较。团队成员再面对这些创意提出自己的观点及发表自己的看法。这种做法既锻炼了年青设计师的创意思维能力，又提高了他们的参与度，使他们快速成长，同时也在最短时间里，为主创建筑师提供了创意素材及多种选择的可能性。主创建筑师带领大家分析各种创意的优势融汇兼并，汇总几个总平面布局草案（图5-6）。

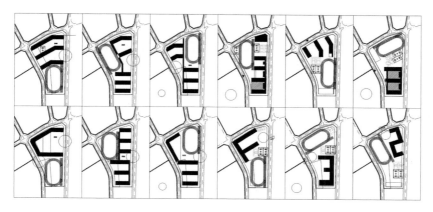

图5-6　创意风暴

五、确定方向

经过激烈与高效的创意风暴之后，形成了二至三个总体布局方向，再由主创建筑师整合，确定最终发展方向。这些大方向包括运动场与教学楼的位置关系，学校的学生出入口及广场、后勤出入口，运动区，生活区，教学区的大概位置（图5-7~图5-9）。

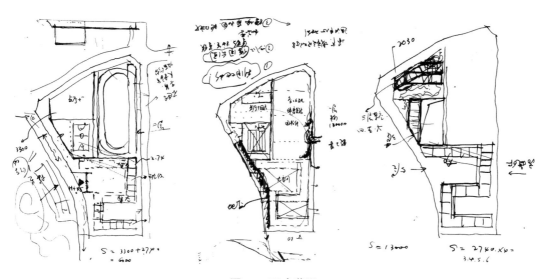

图5-7　理念草图

有何手境于帆壳.
乘风破浪飞远航.

浪逐飞耳
文化江.

图5-8　理念草图

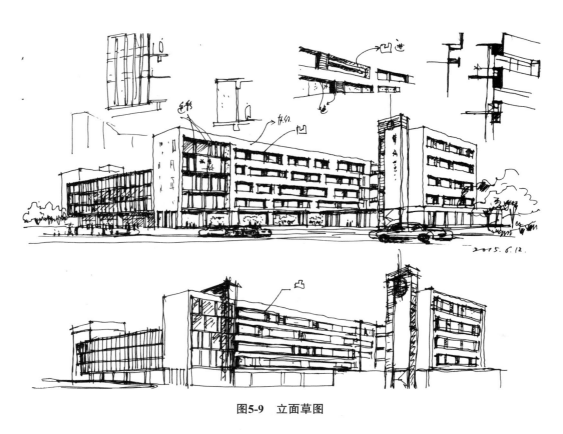

图5-9　立面草图

在这个阶段，除了要确定总体布局方案之外，还要基本确定建筑形态与风格。

六、深化设计

根据主创建筑师所确定的方案发展方向，深化建筑的总平面图、各层平面图、剖面图，计算机建模推敲体量，有时也做实体模型。

这阶段主要由两大部分组成，一个是CAD图制作，另一个是三维模型制作。CAD图的制作依据是主创建筑师所确定下来的总体方案布局思路、设计任务书的规模及指标、所有相关规范（消防、人防、汽车库、中小学校建筑设计规范、当地的规划设计要求等）。

三维模型制作与推敲，指的是建筑的空间、形态、立面材料等，主要依据是主创建筑师所确定下来的建筑造型风格与立意，包括建筑的体量关系、立面构成手法、建筑空间与外在形态的逻辑性等。

七、文件制作

此阶段是方案投标设计的收尾阶段，主要包括技术标制作与商务标制作。商务标制作相对简单，需要认真按照标书上的要求，如实提供本单位的各种资质文件、人员职称、社保证明、报价、保函等。

对于技术标文件，主要包括文本、展板、多媒体演示文件、模型等。这段时间是方案设计团队最辛苦的时期，建筑设计师经常加班加点工作。现在的方案文本制作越来越精细。一套文本做下来，要100页到200页，包括效果图、分析图、工程图。多媒体演示文件的制作，各单位更是不惜"血本"，高清晰仿真模拟动画，耗时、耗钱。

目前，一个学校的方案设计投标大约时长为30天，上述各阶段工作都要在限定的时间内完成，这是对建筑师高效的创意、反应能力的检验，也是对设计师们体力、心态的考验。

第三节　建筑方案设计的主要内容

一、建筑总平面设计

中小学校的建筑总平面设计是指根据学校建筑群的组成内容和使用功能要求，结合用地条件和有关技术标准，综合研究建筑物、构筑物以及各项设施（运动场）相互之间的平面和空间关系。建筑总平面设计要正确处理建筑布置、人流车流交通、管线综合、绿化布置等问题，充分注意利用地形，节约用地，使该建筑群和各项设施组成为统一的有机整体，并与周围环境及其他建筑群体相协调。

1. 建筑总平面设计的具体内容

1）合理地进行用地范围内的建筑物、构筑物及其他工程设施的平面布置。

2）结合地形，合理进行用地范围内的竖向标高布置。

3）合理组织用地内、外人流与车流交通运输线路布置。

4）为协调室外管线敷设而进行的管线综合布置。

5）绿化布置与环境保护。

2. 建筑总平面设计的一些规定

在建筑方案设计阶段，中小学校总平面设计应包括建筑布置、运动场地布置、绿地布置、道路及广场布置、停车场布置等。按照规范要求，其主要内容包括：

1）各类小学的主要教学用房不应设在四层以上，各类中学的主要教学用房不应设在五层以上。

2）普通教室冬至日满窗日照不应少于2h。

3）中小学校至少应有1间科学教室或生物实验室的室内能在冬季获得直射阳光。

4）中小学校的总平面设计应根据学校所在地的冬夏主导风向合理布置建筑物及构筑物，有效组织校园气流，实现低能耗通风换气。

5）中小学校体育用地的设置应符合下列规定：

①各类运动场地应平整，在其周边的同一高程上应有相应的安全防护空间。

②室外田径场及足球、篮球、排球等各种球类场地的长轴宜南北向布置。长轴南偏东宜小于20°，南偏西宜小于10°。

③相邻布置的各体育场地间应预留安全分隔设施的安装条件。

④中小学校设置的室外田径场、足球场应进行排水设计。室外体育场地应排水通畅。

⑤中小学校体育场地应采用满足主要运动项目对地面要求的材料及构造做法。

⑥气候适宜地区的中小学校宜在体育场地周边的适当位置设置洗手池、洗脚池等附属设施。

⑦各类教室的外窗与相对的教学用房或室外运动场地边缘间的距离不应小于25m。

⑧中小学校的广场、操场等室外场地应设置供水、供电、广播、通信等设施的接口。

⑨中小学校应在校园的显要位置设置国旗升旗场地。

3. 建筑总平面功能分区要求

中小学校总平面设计，应按教学区、运动活动区、生活服务区等功能关系进行合理布置。

1）教学区是学校的最重要的区域，也是学校总平面设计的核心。教室与学生宿舍应安排在校内安静区，应有良好的日照与自然通风，并应保证冬至日底层满窗日照不少于3h。因为教师上课和学生学习要在一个相对安静的环境中进行，这样能保证上课和学习的质量。

2）运动活动区是校园里最活跃的区域，它的设置要遵循以下原则：教室不宜面对运动场布置，当必须面向运动场时，窗与运动场之间的距离不应小于25m。这是防止学生在上课时过分关注运动场，造成注意力分散，影响教学效果。运动场与教室要保持一定距离，这样能做到界限清晰，各司其职；运动场地应根据学校规模设置：9~12班规模时，应设置200m环形跑道及4~6股的100m直跑道的运动场；18~24班规模时，尚需增设1~2个球类场地。运动场要设置训练场地，这是为了满足学生运动员而设置的。训练场地应包括体能训练、跑跳投训练、球类训练场地等，其场地用地面积应为4m²/人，但总用地面积不应小于400m²。条件好的学校还可以有体育馆、游泳馆或网球场等先进的体育场地，以满足不同的教学需求。

3）生活区主要内容包括教职工和学生食堂、厨房、教职工宿舍、总务用房、垃圾房。学生食堂、厨房设置在常年主导风向的下风向（一般以夏季的主导风向为主），并要考虑厨房食物及垃圾的交通运输。教职工宿舍的布置，要考虑节约用地的要求，一般是与食堂厨房合建，这样也有利于满足消防规范要求。

同时，生活区要与教学区有一定的间距，减少气味对教学的干扰。在南方地区，学校用地面积紧张的情况下，大都采用生活区与运动区靠近的布置方式。

总之，在中小学校的选址和总平面设计方面，要综合考虑诸多因素，既要实用经济，还要多样化，满足不同的功能需求，更重要的是要结合中小学校的性质和特点来做到因地制宜、符合实际需求。

4. 交通组织复杂型案例分析

下面以另外一所学校建筑方案设计为例。

（1）项目概况：用地北侧为城市绿地，有较好的景观和视野。北侧靠近城市次干道十字交叉路口，对学校有一定的干扰。用地西侧为城市支路，路西为居住小区，是学校人流主要来源之一，对学校的学生出入口设置有较大影响。用地南侧为城市支路，路南为二类居住用地，包括幼儿园以及社区配套服务中心，是学校人流的另外来源。用地东侧为城市次干道，路东为二类居住用地及商业用地。东侧有较好的景观和视野。用地东北侧有垃圾中转站和资源再生点，将会产生刺激气体，对学校师生有较大影响。用地西侧的南部规划为开放式停车场，车流量较大，对学生安全存在隐患（图5-10、图5-11）。

项目总用地面积37887.66m²，用地地形为不规则多边形。项目拟建设为一所72班九年一贯制学校，小学48班，初中24班，共提供3360个公办学位。

（2）本方案设计难点：本项目的规模较大，用地面积较小，西南端有一块待建用地，因此如何有效地布局各功能区域，同时又要考虑待建用地的影响是本项目的设计难点。

（3）运动场方案的比较：运动场的长轴方向最好为南北方向。根据用地周边道路情况，考虑到入口广场的位置，经多方案比较，最终选定运动场设置在用地的东侧，沿南北向长轴布置，贴临城市干道。关于跑道的长短，经多方案比较，300m长跑道比较适宜用地的大小（图5-12、图5-13）。

图5-10 周边环境分析

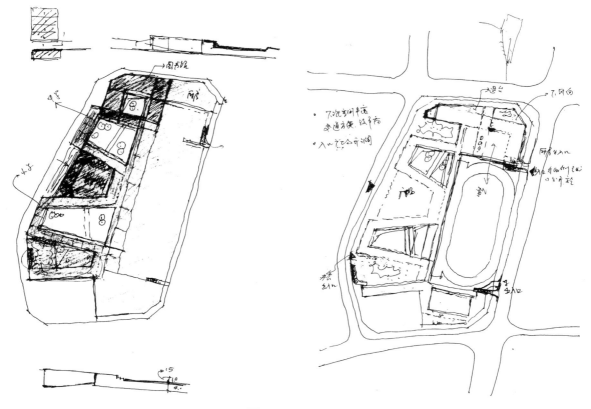

图5-11　设计草图

运动场布置在西侧

　　教学区位于基地东侧，东面临城市次干道面建筑受噪声干扰大，且教学主入口正对操场，距离教学楼太远

运动场正南北布置

　　教学区位于基地东北角，造成运动场面积过大，教学区过小，无法满足教学面积指标。东面北面临近城市次干道，受噪声干扰大，且学校主入口正对操场，距离教学楼太远

运动场布置在东侧

　　教学区位于基地西南角，学校主入口正对西侧，安全快捷，同时使教学用房远离城市次干道噪声干扰

图5-12　运动场位置的比较

400m运动场斜置：

优点：功能分区明确，空间层次丰富，400m运动场能满足学生运动要求

缺点：建筑布局过于集中，庭院空间狭窄，大功能空间较难布置

300m运动场斜置：

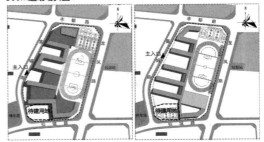

优点：功能分区明确，空间层次丰富，建筑体量较舒展

缺点：服务流线过长，东南角沿街面过长，存在噪声干扰

结论：300m运动场方案优于400m运动场方案

图5-13　运动场大小的比较

（4）总体布局：本方案把教学区沿着西侧富成路布置，呈南北向排列。生活区布置在教学区北侧，在用地夏季主导风向的下风向，对教学区干扰较小。用地东侧为运动区，设置300m环形跑道和100m直跑道，3片室外篮球场，2片排球场。运动区与生活区紧密相连，使用方便。体育馆设置在南侧，方便后期运营面向社会开放（图5-14、图5-15）。

关于学校出入口，用地北侧与东侧均为城市干道，不应设置主要出入口。用地西侧车流人流相对较少，因此将学校主要出入口设置在地块西侧。学校主入口广场面向城市支路，留出宽大入口集散广场能有效地组织学校的人行流线，保证学生安全。建筑用地各边及运动场按照规范进行退让。用地周边无遮挡建筑物，建筑间距满足日照与消防规范要求。

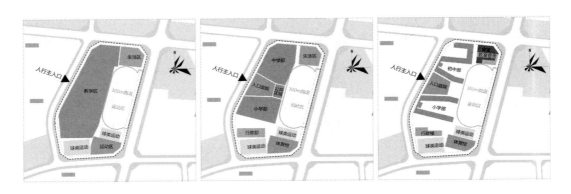

根据分析得出总图布局关系，西侧布置教学区，东侧布置300m跑道，东北角布置生活区，东南角布置运动区

一条横轴贯穿校园，将小学部与初中部相隔开，公共区域作为连接体，合理地组织了各功能分区的交通流线

考虑大量学生上下学时疏散及安全问题，主入口设置在富城路一侧，主入口前的入口庭院则可以作为学生家长等候区域，便于学生安全疏散、缓解交通压力

图5-14　总平面设计推演

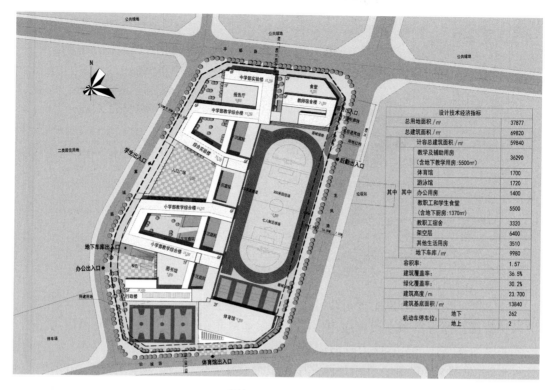

设计技术经济指标

		设计技术经济指标	
总用地面积 /m²			37877
总建筑面积 /m²			69820
其中	计容总建筑面积 /m²		59840
	教学及辅助用房（含地下教学用房：5500m²）		36290
	体育馆		1700
	游泳馆		1720
	办公用房		1400
	教职工和学生食堂（含地下厨房：1370m²）		5500
	教职工宿舍		3320
	架空层		6400
	其他生活用房		3510
	地下车库 /m²		9980
容积率:			1.57
建筑覆盖率:			36.5%
绿化覆盖率:			30.2%
建筑高度 /m			23.700
建筑基底面积 /m²			13840
机动车停车位:		地下	262
		地上	2

图5-15　总平面图

（5）建筑功能布局：总平面布局主要分为教学区、运动区、生活区，三区相互独立又有机联系。教学区位于地块内西侧，紧邻富成路，设置入口广场与富成路相连接，交通便利。入口广场作为学生上下学集散场地，保证学生安全（图5-16、图5-17）。

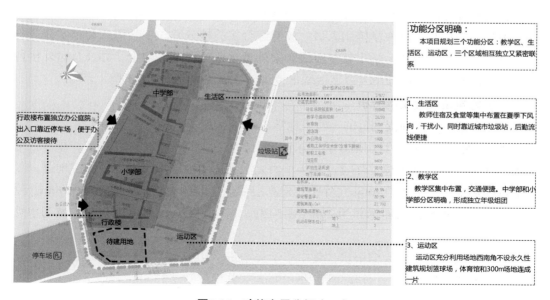

图5-16　功能布局分析（一）

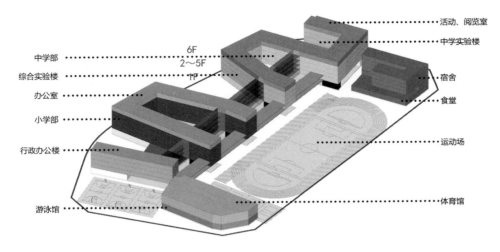

图5-17 功能布局分析（二）

教学区从南到北分别布置行政办公楼、小学教学楼、综合实验楼、中学教学楼、中学实验楼。体育馆独立设置在用地南侧。用地东北角设置生活区，为一栋综合楼，一至二层为食堂，三至六层为教师宿舍。

（6）总图交通路线：在用地西侧中部位置设置学生入口广场，开阔的空间便于学生上下学的集散，这里也是学校的形象大门入口。学生进入教学区之后，南北分流，分别进入小学部和初中部的首层架空层，利用垂直楼梯进入各自的教学班级。在用地西侧南端设置教工地下车库入口与教师出入口，与学生出入口分开设置，便于安全管理。用地的南侧设置体育馆对外出入口，便于学校体育馆与体育设施对外开放。在用地西侧靠北端位置设置后勤出入口及地下室停车库第二出入口，做到后勤服务流线与学生、教师分开，互不干扰（图5-18、图5-19）。

中学教学楼与小学教学楼用入口广场与综合实验楼分开，中学流线和小学流线各自独立分离，互不干扰。学生就餐流线和室外运动流线便捷、安全。办公及对外接待出入口靠近停车场，后勤出入口靠近城市垃圾站，交通流线设计合理。

5. 山地学校设计案例分析

下面介绍一下前面提到过的一所山地学校的建筑方案设计。

（1）项目概况：项目用地北侧和东侧是山丘，南侧居民住宅贴临用地，很多住宅抵到了红线，有的已超越了红线，现状车辆无法到达用地区域。西侧现为空地是一处住宅待建用地，用地西侧200m之外是在建高层住宅。北侧山顶最高点标高为90m。用地中部是一个水塘，水面标高为63m（图5-20）。学校的建设用地落在了山坡与水塘之上。

本学校的办学规模为54个班，其中小学36个班，初中18个班，共计2520个学位，规划用地面积为30584m²，总建筑面积31096m²，其中架空层3300m²，地下建筑面积为2000m²，规定容积率0.84。

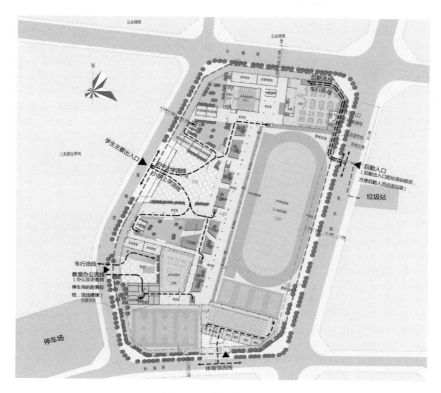

图5-18　首层交通流线

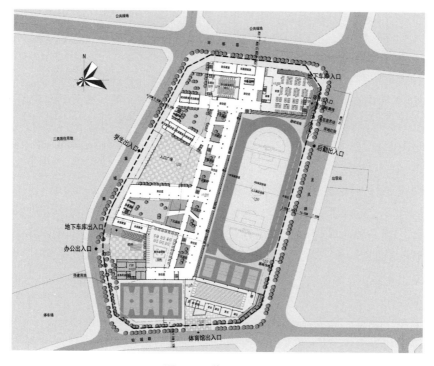

图5-19　首层平面图

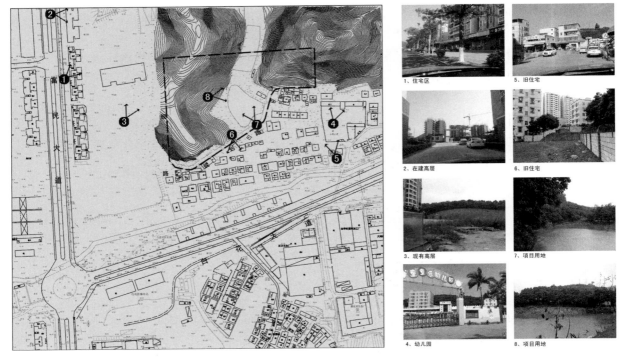

图5-20 地形分析图

（2）本方案设计难点：由于本项目地形复杂、高差较大，如何处理用地标高、合理布置建筑、降低土方量是本项目的关键。本项目建设时尚无市政道路接驳，因此学校的学生出入口及后勤、车辆出入口的设计要有预见性、近期可实施性。项目用地为山地，因此学校的建筑形态要符合山地建筑特点。总平面布局方面要充分考虑功能分区及避免小学部与中学部的干扰问题。

（3）总平面布局与交通组织：为降低建造成本，在少量挖方处建造教学楼，以获得坚实的地基和良好的日照与通风。在原有地形低洼的水塘处，填方建运动场，在东侧高地修建僻静的教工宿舍及食堂，通过架空层及附属教学用房将教学区与生活区相连（图5-21、图5-22）。

场地平整之后，用地西侧形成四个教学区台地，从南向北逐渐抬高，中部为平坦的运动区，可以透过北面的架空层，看到远处的青山及水塘。东北侧坡度较大区域维持原有地形，较平缓区域形成生活区建设台地。在教学区与运动场之间形成连续递升的平台，平台上部为主教学区，下部为辅助教学区及架空平台。建筑由4栋板楼呈放射状平行等高线布置。

关于学校出入口的设置，考虑用地南侧建筑现阶段无法拆迁，近期也无法建成南侧的规划道路，因此，设计单位建议工务署在用地西侧修建城市道路，与学校建设同步进行，将车行及学生人行出入口开设在这条西侧的道路上，结合教学楼布置，形成西侧学校入口广场，同时也满足学校的形象展示、门卫收发、接待功能图5-23。车行及学生人行出入口分开设置，两者的出入口距离大于20m。沿用地的东南角设后勤车辆出入口，避免对学生出入的干扰。同时要求当地村委会对这条南侧村里的道路进行整改，以满足消防车能进入学校（图5-24）。

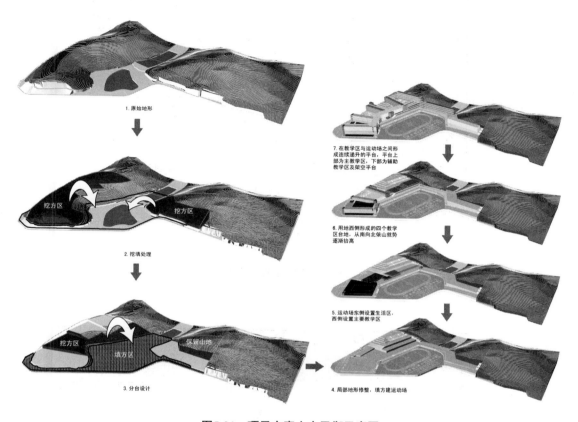

1. 原始地形

2. 挖填处理
挖方区 挖方区

3. 分台设计
挖方区 填方区 保留山地

4. 局部地形修整，填方建运动场

5. 运动场东侧设置生活区，西侧设置主要教学区

6. 用地西侧形成的四个教学区台地，从南向北依山就势逐渐抬高

7. 在教学区与运动场之间形成连续递升的平台，平台上部为主教学区，下部为辅助教学区及架空平台

图5-21 项目方案土方平衡示意图

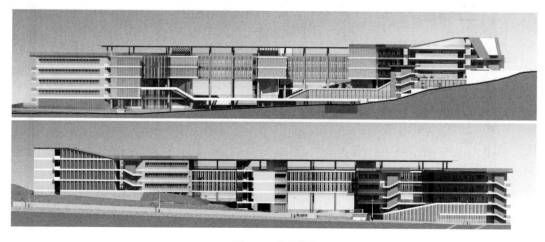

图5-22 剖面图

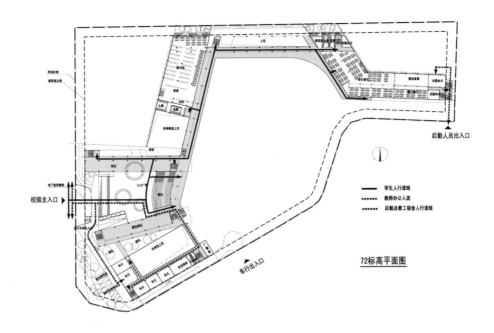

图5-23 首层交通流线图

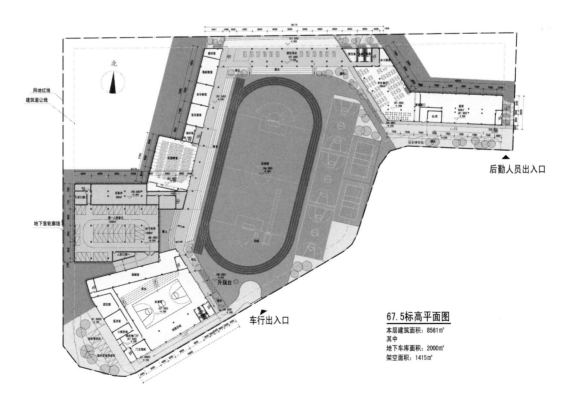

图5-24 地下室平面图

6. 改扩建项目设计案例分析

下面介绍一所已建学校的改扩建工程的设计案例，来说明此类学校在设计过程中应注意的事项。

（1）项目概况：本小学创建于1954年，2005年因教育资源整合而取消建制，2008年恢复办学。学校历史悠久，文化底蕴浓厚，以"弘扬传统文件，打造儒雅校园"为倡导，建构以儒学文化精粹为核心的教学体系，建设"文化校园""书香校园""和谐校园"，弘扬国粹，以文育人。现按要求对学校进行再次扩建。

走进该校，浓浓的国学文化扑面而来，坐落于学校感恩广场中央的儒学代表人物孔子的雕像《万世师表》让人肃然起敬，学校围墙设置《弟子规》文化墙和《论语》柱，在各楼层墙壁上悬挂《论语》解读张贴画，在教学楼墙壁设置以《论语》"五常"等为主题的艺术作品。因此，如何传承现有学校的办学理念，将是本案设计的一大重点。

该项目用地南北间距210m，东西间距175m。用地的西侧、北侧与山体相接，东北侧山体之间的最大高差9m，西南侧现状地之间的高差2.9m。如何处理好南北之间的高差也是该项目设计的重点。

该项目基地南侧有居民楼，但现状环境脏、乱、差，而北侧与西侧紧邻田岗山公园，外部景色景观视野良好。项目用地由南向北地势增高，如何整合地势起伏及周边的景观资源，并解决高程的变化及功能流线关系，打造一个宁静致远的校园，是该项目面临的一个挑战。

本校重新扩建后为九年一贯制学校，办学规模为54个班，其中小学36个班，中学18个班，共计2520个学位，规划用地面积为32660.48m²，总建筑面积26897m²（不含原有建筑3404.31m²），其中首层架空休闲层1630m²，地下建筑面积为2000m²。本工程教学综合楼为原有教学楼，任务书要求，本工程对原有教学楼提出立面改造方案，其他建筑都拆除（图5-25、图5-26）。

图5-25　项目概况

结合现状及地形，确定运动场位置及功能分区

(1) 原有建筑物中的较新教学楼要保留，其余地上建构筑物拆除

(2) 九年制学校的运动场跑道为200～300m，本次项目取250m运动场，只能布置在东侧

(3) 根据规划要求及现状，把学校主入口及车行入口放在南侧，东侧设置后勤出入口

(4) 西侧为教学区，东侧为运动区，北侧为生活区

土方平衡

(1) 根据功能分区来确定场地的平整标高

(2) 挖方量约17000m³，填方量约16500m³，填方量和挖方量基本相等，降低建造成本

图5-26 现状地形分析

（2）方案设计难点：地形与高差的利用。由于基地南低北高，因此如何充分利用地形高差，合理布置运动场是本项目设计的关键。

项目用地的中部有一栋刚刚建成两年的教学楼，设计任务书要求保此栋建筑。所以，在方案设计时要充分考虑这栋保留的建筑对新建筑的影响。

由于本项目是拆除部分设施的新建项目，因此要考虑原学校的历史文脉与办学风格。

本项目是九年一贯制学校，小学部、初中部合并设置，所以如何减少彼此间的干扰、做到分区明确也是本项目的设计要点。

（3）总平面布局：初中部与小学部的教学楼分栋设置，建筑围合成不同的院落，减少初中学生与小学生彼此间的上课与活动的干扰。实验楼设置在初中教学楼的北侧，便于初中学生就近使用。其他辅助教室设置在南侧综合楼及其他教学楼的第五层平面。

在用地东南角，靠近交叉路口处，设置独立的体育馆，可满足假日对外使用，同时可以避免对教学区的干扰，与运动场可以互动联系。平缓的外形使建筑更加错落有致。

运动场位于基地东侧，教学区布置在西侧，围合成庭院空间。生活区布置在北端，教学区和生活区均临近田岗山公园，可以透过架空层，看到远处的公园景观。球场和跑道拉大了教学楼与东侧道路的间距，降低了东侧道路带来的噪声。办公区靠近南侧道路，交通便利。专业教室与普通教室相互独立，又联系紧密（图5-27）。

图5-27　总平面图

　　为降低建造成本，最大限度维持原有地形地貌、挖方量与填方量平衡，建筑整体布局依山就势，在需要保留的教学楼的用地西侧布置教学区，东侧坡地经少量平整布置运动场。教师宿舍及食堂布置在用地的北侧（图5-28）。

　　（4）总平面交通：根据规划要求及现状，把学校学生主入口及车行出入口设置在南侧，分开设置，距离大于20m，充分考虑学生安全及教师的对外接待。后勤及教工宿舍出入口在北侧。

　　南侧入口退让用地红线，形成入口广场，作为学生上学、放学的集散空间，同时也满足学校的形象展示空间及保安、收发、接待外访人员的功能需求。在用地东北侧设置后勤车辆出入口，方便后勤车辆到达，同时避免对学生出入的干扰。充分利用架空层，使师生交通更加便捷。有效的垂直交通使散操学生回到教室更加高效、快捷（图5-29）。

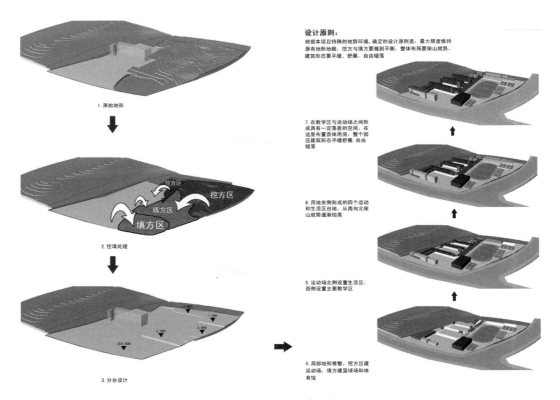

设计原则：
根据本项目特殊的地势环境，确定的设计原则是：最大限度维持原有地形地貌，挖方与填方要做到平衡，整体布局要依山就势，建筑形态要平缓、舒展、自由错落。

1. 原始地形

2. 挖填处理
挖方区
挖方区
填方区

3. 分台设计

4. 局部地形修整，挖方区建运动场，填方区建篮球场和体育馆

5. 运动场北侧设置生活区，西侧设置主要教学区

6. 用地东侧形成的四个运动和活动区台地，从南向北依山就势逐渐抬高

7. 在教学区与运动场之间形成具有一定落差的空间，在这里布置音体用房，整个园区建筑形态平缓舒展、自由错落

图5-28　总图标高设计

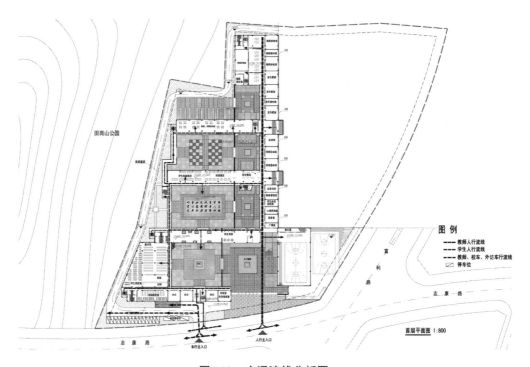

图例
—— 教师人行流线
—— 学生人行流线
—— 教师、校车、外访车行流线
▨ 停车位

首层平面图 1:800

图5-29　交通流线分析图

7. 东西朝向用地设计案例分析

下面介绍一所用地偏角30°的学校设计案例。

（1）项目概况：本案用地面积为10499.49m²，办学规模为24个班小学，共计1080个学位，总建筑面积12265m²，其中架空层面积1420m²，地下室建筑面积1200m²，容积率1.05。学校周边人口密集，新兴产业经济发达。用地长轴方向约为南偏西30°。

项目基地为平整地块，无较大高差。东侧为规划住宅区，当时基坑已经开挖，建成后将为高层住宅，对本项目建设日照、视线有一定影响；北侧为厂房及职工宿舍；西侧为城市干道，车流量、噪声较大；南侧为规划道路，开通后将为校园主入口道路（图5-30）。

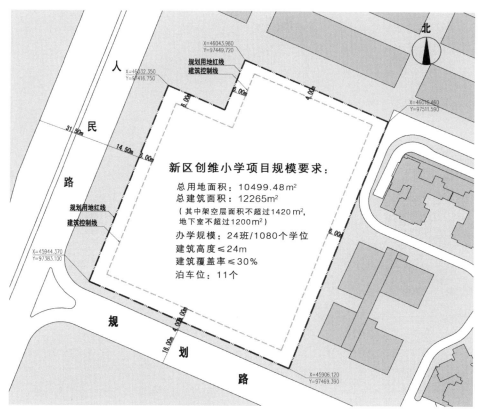

图5-30　设计条件

（2）方案设计要点：本项目运动场占地面积相对较大，运动场的位置将决定学校的整体布局。《中小学校设计规范》（GB 50099—2011）要求运动场宜南北向布置，并且对长轴偏角也有规定，长轴南偏东宜小于20°、南偏西宜小于10°。本项目西侧人民路呈南偏西30°，用地红线长边平行人民路。为使教学楼远离西侧人民路的噪声干扰，本方案把运动场平行人民路沿西侧红线布置，南偏30°角的运动场朝向是可以接受的（图5-31、图5-32）。

规划布局

将运动场置于基地西侧，形成噪声缓冲区，教学楼远离城市道路，减少对教学用房的噪声干扰

建筑布局

建筑由南向北伸展，东侧为普通教室，板式南北向布局；西侧为专业教室，带状向北延伸。建筑北端为体育馆、食堂、办公及教师宿舍，独立设置，减少与教学用房的干扰

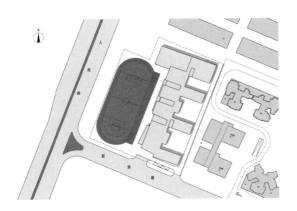

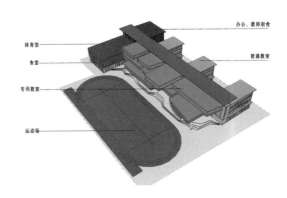

图5-31 设计要点分析图（一）

出入口

根据任务书要求，出入口位于基地南侧。经查，该区域的规划正在调整，北侧已预留道路，将来可申请出入口作为后勤出入口

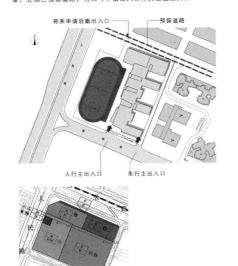

架空层、室外空间的充分利用

以架空层为活动中心，室外空间与半室外空间有机融合，形成完整的有序的自由活动空间

人性化设计，充分考虑学生、家长、学校管理等使用者的使用情况，体现"以人为本"精神

图5-32 设计要点分析图（二）

　　建筑布局基本呈南北向，主要教室避免西晒。在确定运动场位置之后，建筑由南向北伸展，东侧为普通教室，板式南北向布局满足日照要求；西侧为专业教室，带状向北延伸，立面设置遮阳设施。建筑北端为体育馆、食堂、办公及教师宿舍，学校后勤出入口独立设置在用地的北侧，减少与教学用房的干扰。

根据任务书要求，出入口位于用地南侧，连接次要道路，便于家长接送学生，减少对城市干道的干扰。

首层设架空层室外活动区域，室外空间与半室外空间有机融合，形成完整有序的自由活动空间。

建筑造型要体现中小学校特点——活泼灵动。充分考虑学生、家长、学校管理等使用者的使用情况，体现南方建筑的设计特点。

（3）总平面布置与交通组织：本方案将教学区布置在东侧南北向，运动场置于基地西侧，由于学校用地面积的限制，运动场选用200m长跑道，形成噪声缓冲区，教学楼远离城市道路，减少对教学用房的噪声干扰。把体育馆、后勤用房设置在用地北侧，以减少北侧工厂噪声对教学楼的干扰（图5-33）。

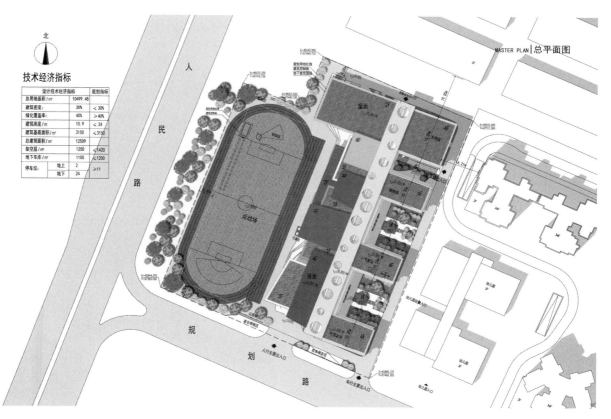

图5-33　总平面图

通过对用地周边道路情况的分析，本方案把主入口设置在用地的南侧，结合教学楼的布置，退让广场，作为学生上学、放学的集散空间，同时也满足学校的形象展示空间及保安、收发、接待外访人员的功能要求。车行出入口设在南侧用地最东边位置，沿着教学楼山墙直通北侧后勤区，主要解决老师车辆、后勤供应、垃圾的流线与教学区及运动区完全分开，确保安全、卫生（图5-34、图5-35）。

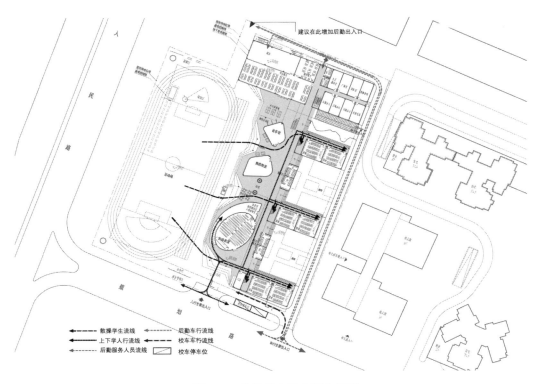

图5-34　首层架空及交通分析图

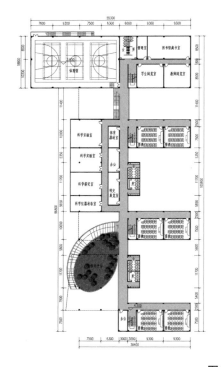
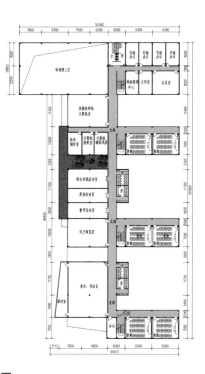

图5-35　二、三层平面图

充分利用首层架空层，使师生交通更加便捷。有效的垂直交通设施使散操学生回到教室更加高效、快捷，同时架空层为低楼层学生提供了遮阳避雨的活动场所。

建筑由南向北伸展，东侧为普通教室，板式南北向布局；西侧为专业教室，带状向北延伸。建筑北端为体育馆、生活配套用房、办公及教师休息室。后勤用房，独立设置，减少与教学用房的干扰。

建筑首层架空空间，作为交通、展示、活动、交流空间。生活配套空间设在北侧，设独立的对外货物、垃圾出入口。生活配套用房四面开窗，通风良好。

二至四层为主要教学空间，东侧为普通教室，共设6个年级，24个班级，西侧主要为辅助教学用房，各班教室用外廊相连。

二、建筑新型功能设计

考虑到南方夏季气候炎热及学校用地紧张的特点，在学校设计时，除国家通用的设计标准之外，增加了一些新型功能的设计尝试。主要内容包括：

增设架空层设计，提高室外空间的利用。

增设地下车库交通疏导系统，减轻地上交通拥堵。

将运动场架空，下面布置大空间体育活动用房，以解决学校用地不足问题。

1. 架空层设计

架空层的本意是指建筑物深基础或坡地建筑吊脚架空部位不回填土石方形成的建筑空间。对于南方的中小学校建筑来讲，是专指首层不做建筑空间的围护结构，开敞，可以布置家俱或绿化、活动设施，此面积不受原容积率约束。首层架空层设计非常受学校欢迎，其主要优点有：为学生提供了安全的遮阳、通风的课间活动场所；为学校提供了开敞的学校信息、校史、文化展示空间；增强校园通风、换气，降低周围道路及建筑的噪声；增加校园的景观绿化空间。

在有些南方城市，架空层功能设计已经编入到中小学校设计功能标准里面，按照每个学生2m²设计架空层。下面以前面所介绍的学样举例说明：

1）"山地"学校的架空层、室外空间的充分利用。

充分利用架空层，使师生交通更加便捷，有效的垂直交通使散操的学生回到教室更加高效、快捷。以架空层为活动中心，室外空间与半室外空间有机融合，形成完整的有序的自由活动空间。（图5-36）。

2）"改扩建"学校的架空层利用。

通过架空层及庭院空间将图书馆、音乐舞蹈室、阶梯教室、运动用房、看台、食堂串联在一起，架空部位作为交通、展示、活动、交流空间。

在建筑的底层架空空间设置报展及校史展览区、科普区、学生放学等候区、校园农场、书吧、家长等候区、外访临时停车区、架空活动场地、公告栏、主题雕塑等活动空间。

绿色植物及体现传统儒家思想的小品、雕塑布置在架空层，空间通透又具有私密性，体现了人与人之间的和谐相处，实现"上下同和"。不同特点的庭院，既提供了娱乐、游戏空间，又能领悟到含蓄内敛、温柔敦厚的"中庸"和谐的儒家思想（图5-37~图5-39）。

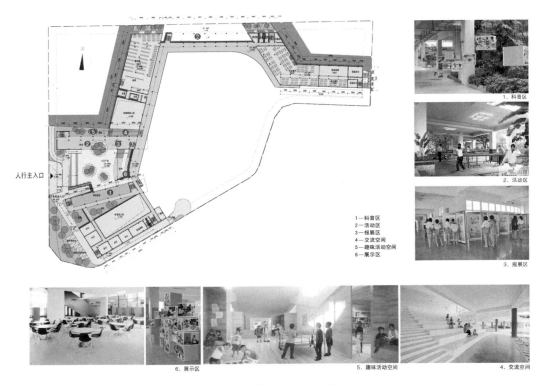

图5-36 首层架空示意图

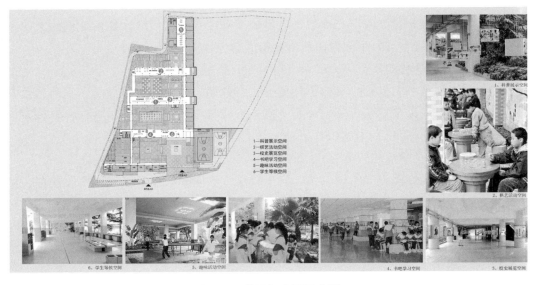

图5-37 首层架空层示意图

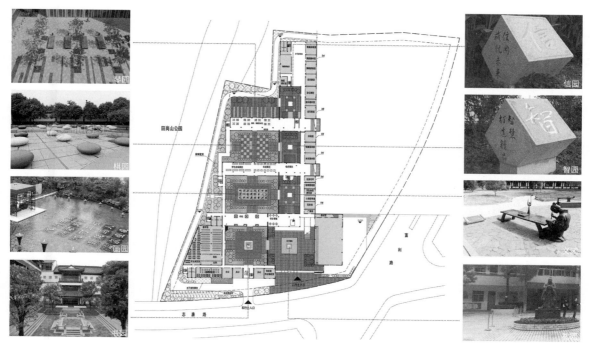

图5-38　庭院景观示意图

儒家思想在校园规划设计中应用

（1）儒家思想——仁、礼、义、智、信

"仁"是儒家美学思想的核心"礼义智信"是实施仁的思想和手段

（2）院落式校园布局

　　建筑、庭院与自然环境相协调，秩序井然体现了儒家思想中的以"仁"为美的"礼乐之和"的伦理美学思想

（3）中国传统式院落布局特点（如四合院、书院、寺庙、府邸、民居）

　　①庭院方正，尺度适宜对称，强调主轴

　　②庭院建筑按内外、上下等级划分，体现"以礼为法"的思想

　　③庭院私密与通透相结合，人与人和谐共处，实现"上下同和"

　　④每个庭院具有不同的"乐"的功，与建筑的礼组合产生"礼乐之和"的围合与共生

　　⑤"礼""乐"相结合，使人们对外在的约束不争，对内在的情感的中和而无怨，达到"和谐""和睦"

　　⑥层层递进的空间序列表达出含蓄内敛，温柔敦厚的审美风格，体现了儒家崇尚"中庸"和谐的美学特征

（4）本方案特点

　　1）原教学楼与新建教学楼平行，并且通过连廊连接融入新的建筑之中

　　2）建筑功能按照对内对外，学生年级大小，由南向北递进

　　3）主入庭院为礼院，四个院落为乐院，"礼""乐"相结合，达到和谐共生

（5）通过建筑与院落的"礼""乐"布局可达儒家思想中的"仁"的核心使学生尊敬老师、学长，彼此友爱，和谐共生

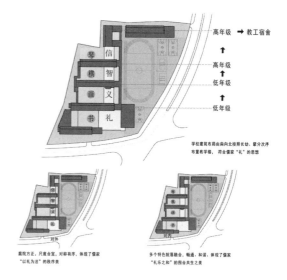

传统四合院　　商丘应天书院　　登封岳阳书院　　岳麓书院

图5-39　庭院景观示意图

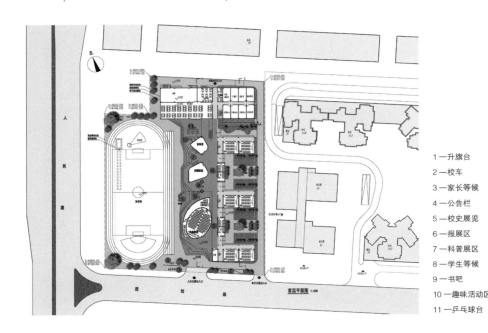

科普区

活动区

1—升旗台

2—校车

3—家长等候

4—公告栏

5—校史展览

6—报展区

7—科普展区

8—学生等候

9—书吧

10—趣味活动区

11—乒乓球台

报展区

学生等候

展示区

趣味活动空间

交流空间

图5-40 首层架空及交通分析图

3）"偏角"朝向学校的架空层利用：

外形如卵石般的阶梯教室、音乐教室、舞蹈教室布置在首层架空层中，室外空间流畅通透，为孩子们提供了遮阳避雨的室外活动场所（图5-40）。

2.地下车库交通疏导系统

这两年，为解决家长开车接送学生时学校周边道路产生堵塞的问题，一些地方的教育局建议在新学校建筑设计中，加大地下室面积，除了满足教师的停车问题之外还要满足部分社会停车场功能要求。地下停车库要对外开放，并且在停车库设置交通疏导空间，目的是为了学生家长的接送车辆可以行驶到地下车库，有固定的停车位及学生上下车的安全岛。这种设想的确在理论上可以部分解决家长接送孩子的临时停车问题，但仔细论证及实际尝试后，发现这种方案会带来其他问题（图5-41）：

第一，地下车库产权不明确，此地下车库由谁管理，是否收费，乱停乱放怎么处理。

第二，与学校的封闭式管理相矛盾。

第三，增加了学校周边的汽车流量，不利于学校的学生安全。

第四，增加了汽车的使用，鼓励了对汽车出行的依赖，这与绿色出行相违背。

其实最有效地解决学校附近的交通拥堵问题的办法是尽量减少家长用汽车接送孩子，尽量用步行或公交车接送孩子，降低汽车使用频率，绿色出行。

图5-41　地下车库交通疏导

3. 运动场架高的设计

现在的学校建设用地都是很紧张的，学校的功能房间面积越做越大，学校功能房间内容越来越多。有的城市要求普通教室的班级面积80m²，生均建筑面积大于12m²。因此，在建筑设计时，很难把所有的建筑单体都独立占地设置，要考虑把功能相近的空间进行组合。这样就渐渐地就形成了一种设计思路，即把运动场提高，在运动场下面布置辅助功能房间，比如：体育馆、报告厅、餐厅、厨房、多功能厅、图书馆、绿地等。这种充分利用运动场下部空间的做法的确高效率地解决了学校建设用地不足的问题，这种做法越来越得到广泛的应用（图5-42）。

图5-42　架空运动场照片

三、建筑造型设计

建筑造型是由建筑空间演变出来的有逻辑性的自然体现。换句话来讲，有什么样的功能布局形式及空间组合，必然形成相同逻辑性的建筑造型。下面结合几个学校设计的实际案例来介绍学校建筑造型设计的几种不同的想法。

1. 灵动书斋

在本学校设计时，考虑到用地周边为新住宅区，一切都是刚刚开始，周边没有可参考的建筑形态。因此，方案设计时提出的设计理念是自我为主、自身协调、具有逻辑性、秩序性的建筑形态。

本方案设计初期提出了灵动书斋的设计构想，将书与钥匙完美地组合在一起，形成有趣性的建筑形体，稍微加一些颜色上的调理，就形成了童趣性极强的个性化建筑形态。

根据项目所处的地域环境、气候特点、周边交通等设计条件，形成了建筑功能布局和体量关系，在此基础上，本方案提出了互相协调、具有逻辑性、秩序性的建筑形态。中间一条南北连通的主轴廊道，西侧像一本本书堆放在那里，东侧排列整齐，整个平面布局就像把钥匙打开智慧之门。

书是人类用来交融感情、取得知识、传承经验的重要媒介，对人类文明的发展与传承具有重要的意义，钥匙是开启智慧之门的工具，二者结合造就的知识殿堂，传承文化，复兴中华。设计充分考虑南方气候特点，建筑立面通透、遮阳。同时考虑到小学生的心理特点，立面色彩丰富、灵动（图5-43~图5-49）。

图5-43　鸟瞰效果图

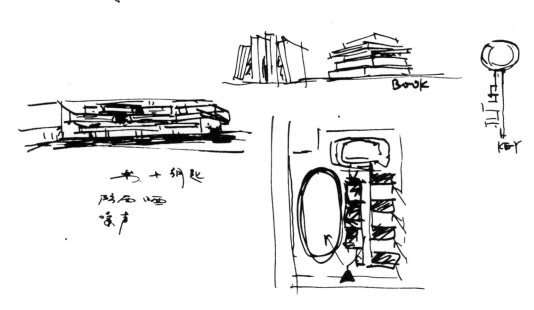

图5-44 设计理念草图

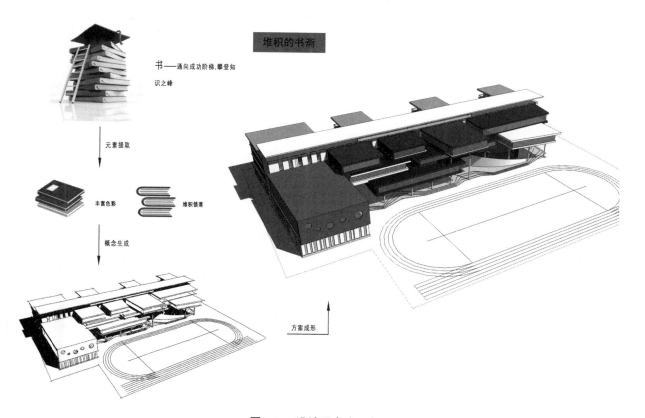

图5-45 设计理念(一)

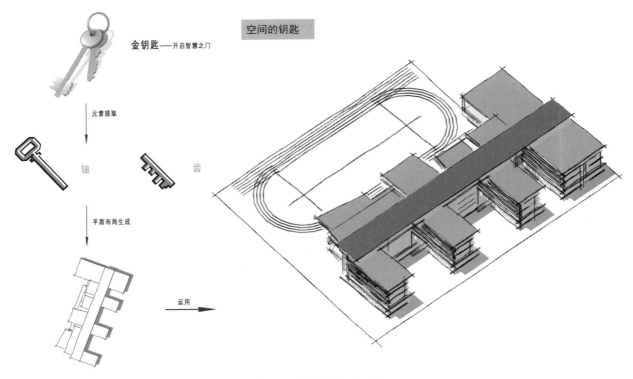

图5-46　设计理念（二）

图5-47　立面构思草图

图5-48　总平面构思草图

图5-49　沿街效果图

2. 快乐积木

根据本项目所在地域环境、用地条件及规范要求，形成了建筑功能布局和体量关系，在此基础上，设计引用积木的概念，造型简洁，色彩斑斓，富有童趣。功能体块通过堆积木的自由方式来塑造立面构成。东侧布置灵活趣味空间，形成"积木"墙，简洁干净的百叶体块与色彩斑斓的玻璃盒子相穿插，给小学生带来丰富、充满趣味性的学习生活空间。并且充分考虑南方气候特点，建筑立面通透、遮阳（图5-50~图5-53）。

图5-50 沿街效果图

图5-51 实景照片

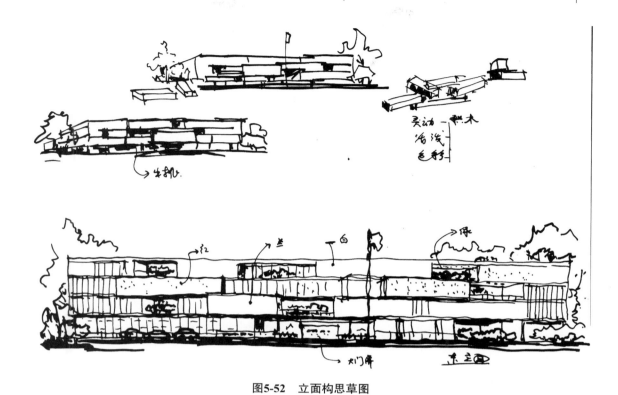

图5-52　立面构思草图

概念构思——积木

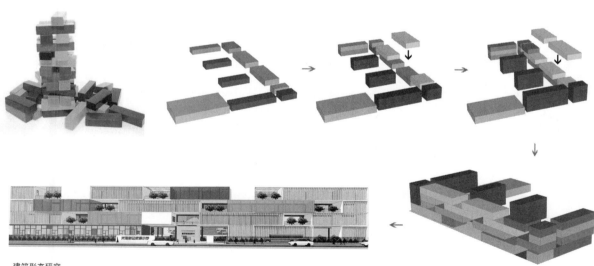

建筑形态研究

积木式造型简洁、色彩斑斓，富有童趣。功能体块通过堆积木的方式合理布置。东侧布置
灵活趣味空间，形成"积木"墙，简洁干净的百叶体块穿插色彩斑斓的玻璃盒子，给小学
生带来丰富、充满趣味性学习生活空间

图5-53　设计理念

3. 智慧钥匙

这个学校建设规模为36个班级的小学校，占地面积13048m²，地上建筑面积为15000m²。基地与城市道路夹角为45°，用地南侧角落为市政的变电箱和电信塔。

在总平面布局时，考虑到北侧与南侧道路的噪声干扰，将运动场布置在用地北侧，建筑南北向布置，把学校学生主要出入口设置在用地的西侧，人车分流，互不干扰。

经过对用地分析及建筑的功能排布，最后将建筑体形布置成钥匙形状，寓意着"智慧钥匙"。建筑细部造型采用具有南方建筑特点的竖向格栅，体现文化建筑的特点，既美观又起到遮阳作用。立面上局部出挑花池，给整个校园增添了生机和活力。

设计手法简洁明快，建筑风格与园林式校园相互统一，在"智慧钥匙"的统一完整的设计理念协调下，校园空间完整、色彩明快、形态丰富、充满趣味性。

建筑空间结构分为三区、两院、一轴。三区分别为教学区、生活区、运动区；两院分别为入口对外庭院、内部庭院；一轴为连接教学区、生活区和运动区的通关长廊（图5-54~图5-56）。

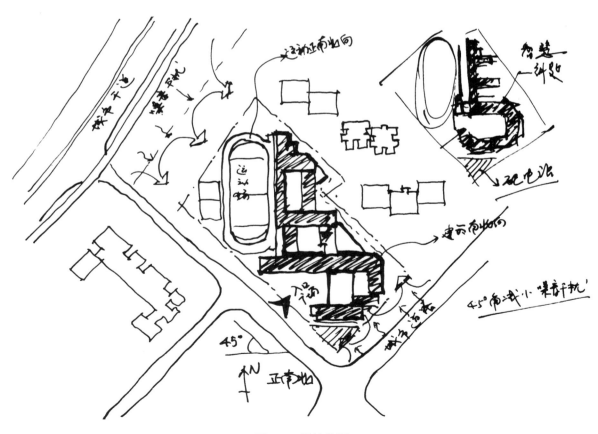

图5-54 设计草图

"金钥匙"打开智慧之门 —— 设计"灵魂"

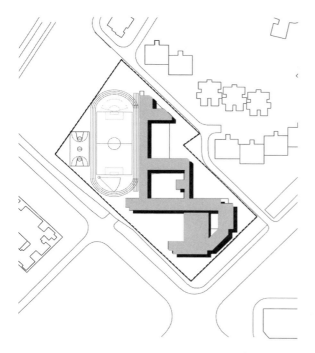

图5-55 设计理念

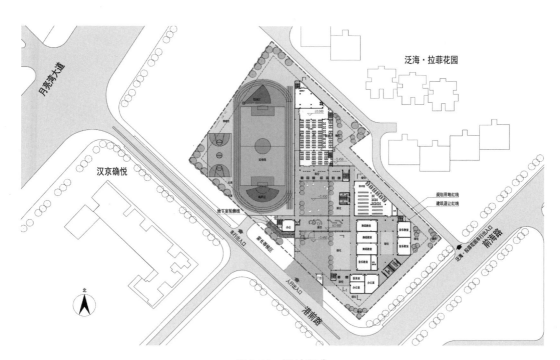

图5-56 设计理念

4. 儒学传承

这所学校就是前面介绍的改扩建学校。此学校建校比较早，很有历史文化，形成了以儒家思想为特点的教学育人理念。在学校设计中，考虑到该工程是加建工程，要保留一栋原有建筑，拆除一些原有教学用房，在旧址的基础上扩大用地面积。所以在总体布局上，把古代书院概念作为设计理念，在完整的总体布局前题下，划分成了几个大小不等的院落，也把中国古老的琴棋书画理念引入到各个院落中去。

根据本项目地域环境、历史文化、办学风格等因素，确定了建筑形态采用现代新中式风格，现代的学校使用功能与传统建筑文化得到较好的结合。白墙黑瓦简洁的色彩和外观构成具有独特意境的和谐美，表现了传统的古典雅韵，又体现了后现代主义的简练。

通过院落、廊架、挑檐、高墙、花窗、孔洞以及缝隙，如同给阳光一把梳子、给微风一个通道，使学校在梳理阳光的同时呼吸微风，让学生享受一片荫凉，提高了学生的舒适感，同时也有效地降低了能耗（图5-57~图5-60）。

图5-57 立面构思草图

图5-58 入口广场构思草图

图5-59　立面效果图

图5-60　沿街效果图

5. 山地风情

前面提到过的那个山地建筑，由于所在地域环境、用地条件及规范要求，形成了特定的建筑功能布局和体量关系。在此基础上，教学区由六栋板楼呈放射状平行等高线布置，建筑形态自由平缓，高低错落有致，与项目地形相协调。宽敞的廊道及架空庭院空间方便学生课间到运动场活动，也方便教室区与办公区的连通。立面采用简洁的带形窗，廊道通过木格栅进行简单装饰，形成特有的南方山地建筑形态（图5-61~图5-63）。

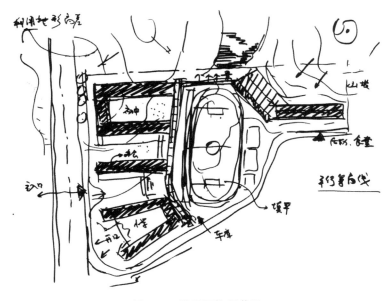

图5-61　总平面构思草图

图5-62　南侧效果图

图5-63　鸟瞰效果图

6. 热带风情

这所学校为72班的九年一贯制学校，地处南方某城市的新开发区，周边建筑没有统一的建筑形态，本项目造型自成一体，采用"热带风情"作为造型主题，体现教学场所的文化特质。

建筑立面采用三段式构成，底部地下室抬高1.5m，做高侧窗采光。一层大面积为架空层活动空间，面向运动场一侧为看台。二、三、四层为主要教学房间。四、五层为辅助教学用房，立面形式采用竖向格栅，自由有序地排列，既美观又起到遮阳作用，一排排出挑的花池，给整个校园增添生机和活力。每栋教学楼由开敞连廊连接，具有热带民俗气息，设计手法简洁明快，建筑风格与园林式校园相互统一。在淡雅的统一色调下，充分考虑学生长期生活的丰富性和趣味性，强调建筑色彩的细部差异，满足师生对个性化生活的追求。整体色彩明快，给人以清新、通透、阳光的感觉（图5-64~图5-66）。

图5-64　沿街效果图

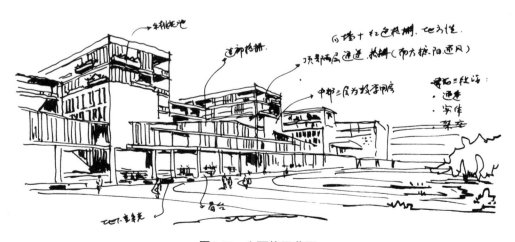

图5-65　立面构思草图

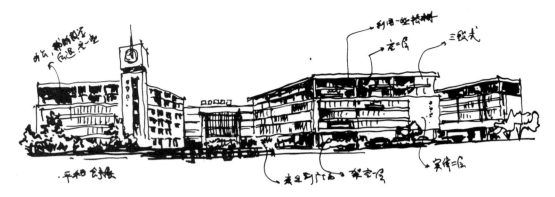

图5-66　立面构思草图

7. 学院风格

该中学地处山脚下，用地北侧、东侧与城市道路相接。在确定总平面布局后，本方案的建筑形态采用所谓"学院风格"，特点是建筑立面水平舒缓，水平板出挑、遮阳，立面干净整齐。建筑实墙与空中花园相互穿插，形成虚实对比，展现出学院派的学术、科研严谨的特点，平和且不张扬（图5-67~图5-69）。

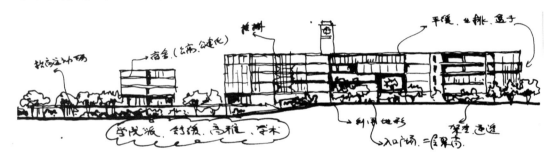

图5-67　立面草图

图5-68　效果图

图5-69 效果图

8. 乡土记忆

这是一所坐落在城市旅游区的小学。项目用地面积为11190m²，建设规模为24班小学以及9班培智学校，总建筑面积为37649m²。项目用地位于山脚下，西侧紧邻水库，周边为多层住宅及民居，环境淳朴、秀美。建筑造型以乡村的谷仓及栅栏作为设计主题，把建筑进行水平分段，好像是架起来的谷仓，并通过建筑色彩、建筑线条和建筑纹理的表现营造，适合儿童心理行为特点，培养小学生热爱大自然、生活淳朴的品质。（图5-70~图5-72）。

图5-70 理念草图

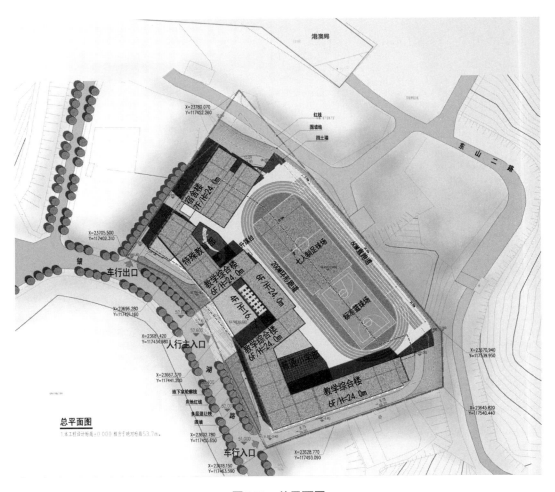

图5-71 总平面图

图5-72 立面效果图

9. 风俗习惯

本中学于1945年初创办，是一所具有光荣传统的学校。学校现在占地6.9万m²，建筑面积2万m²，有38个教学班。

原学校校舍依山而建，据说是当时请人仔细研究校园规划，并由当时村里的老辈们共同商定的总体布局。运动场沿着门前道路布置，如此标准的400m跑道运动场在当地其他学校是不具备的。山顶、主要教学楼、运动场、大门呈现一条中心对称轴线的布局。

为解决当地中学学位不足问题，区政府决定对该中学进行扩建，最终达到72个教学班规模，增加建筑面积2.5万m²的教学用房。

经过公开的建筑设计招标，中标的设计方案将原来的运动场旋转90°，改为300m跑道，在运动场的东侧加建教学用房，改变了原来学校中轴对称的布局。但是，在工程实际最后的建筑方案深化设计过程中，中标单位修改了原始中标方案布局，改用了维持原400m跑道及中轴对称的设计思路。

因此，建筑师在建筑设计时，一定深入了解当地的风俗习惯，尊重并利用这些习惯。当地民众喜欢对称布局，讲究风水。不接受300米跑道布置在一侧的布局（图5-73~图5-76）。

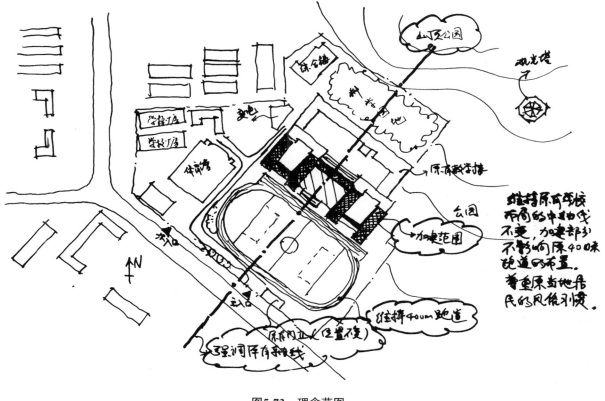

图5-73　理念草图

图5-74 立面草图

图5-75 鸟瞰图

图5-76　立面效果图

第四节　对建筑方案设计的体会

一、建筑方案设计的辛劳

从接到方案招标文件到递交投标设计文件，时间一般不超过30天。建筑师拿到招标文件之后，马上要仔细研读设计条件、查阅资料、去现场踏勘、收集其他相关设计条件，然后开始构思、画草图，提出创意、概念、讨论研究、汇总方案、选择方向、最终确定方案的深化方向，再开始细化、画全套设计图、分析图，提交多媒体制作所需的说明及文件资料，建模并推敲建筑形体，提交效果图资料及实体模型制作的电子文件资料。

在这些方案投标的技术文件及商务文件的编制过程中，团队成员通常加班熬夜，尽量做好每一个环节的工作。一套设计投标文件是所有团队人员创造力与心血的结晶。

除了技术标的设计团队之外，还有一个"后勤"支援团队。他们从下载招标文件开始，与建筑设计人员通力合作，他们要完成投标文件的商务标制作工作，包括填写人员、组织、架构、社保证明、投标保证金、业绩证明、承诺书、法人证明资料、投标报价、标书打印、装订等繁杂而重要的工作，而且不能出半点差错，否则就可能成为废标。

通常到交标书期限的最后一刻，提交了，标书文件团队人员才瞬间放松下来。但作为领头的设计负责人，思绪继续紧绷，没有丝毫松懈。因为等待投标结果是非常煎熬的事情。

一般情况下，提交标书三天后，专家开始评标。前几年，在第一轮专家评审中，就确定了中标单位，程序比较简单。这几年住房与建设局修改了规则，改为评定结合方式，也就是说，在第一轮专家评审时，只确定入围的方案（三家），或是评选参评单位是否合格，对这些入围合格单位不进行排序。然后，建设单位组织定标会议，来确定哪家单位是中标单位。

如果通过第一轮评审就确定了中标单位，那么交标后的几天之内就知道了结果。如果采用评定分离方式，那么第二轮的定标时间就会需要近一个月时间。

当方案确定入围之后，作为设计负责人还要做准备，进行方案答辩。之后又是等待结果。

二、建筑方案的评审

一般情况下，招标代理机构在方案交标书之后，开始在建筑工程信息交易平台抽取评审专家，并且在网上公示评委名单。评标专家组一般为五个人，以建筑专家为主，有时会有结构专家，有时也有造价工程师当评委。

前两年，在学校项目招标投标初期，定标权力直接给方案评审专家组。每个评委都非常认真，小心谨慎地行使自己的权力。由于参加投标的单位很多，有时要十几家，每个评委都要认真地查看标书文件，最终通过逐轮淘汰来确定中标方案，有时项目的评审要持续一整天时间。

现在，评标方法修改了许多，把原来的第一轮由专家确定中标单位的程序改为第一轮只评审出入围单位，再由建设单位走下一步的定标的程序。在这种情况，评审专家的"担子"减轻了不少，评审的时间也缩短了，对于一个方案，评审专家查看的时间也减少了，细致程度降低了，都是在找每个项目的大问题，较少关心方案的特色，只要评审出入围的方案合格或是不合格即可。

评标的过程对于方案设计师来讲是非常"残酷"的。劳累了一个月的成果，可能会在极短的评审时间里被画上句号。一旦发现方案存在大的问题，马上就被淘汰，不论你的方案有没有特色。

三、建筑方案的评定分离的评标方法

当采用专家评委来确定中标单位时，责任及权力也就交给了专家评委，对于建设单位来讲，不会产生什么诟病。但是，后来建设单位发现，中标单位或是中标方案有时不是自己想要的，所以后来就把专家定标方式改成了评定分离的评标办法。即专家评选出入围单位，建设单位再组织一次评审，来最终确定中标单位。

这种办法有利于建设单位评选出心仪的单位，但是，有时"心仪"的单位并不是提供最满意方案的单位，那么怎么办呢？有时建设单位会要求中标单位按照另外满意的方案进行修改。这种情况尽管是少数，但也确有发生。

四、代建制度及工程总承包制度下的建筑方案设计

近两年，作为建设单位的工务署通过招标或委托方式确定某个学校的代建单位，这些代建单位一般是具有国资背景的大型房地产公司。代建单位作为工务署项目管理的执行单位，替工务署行使一部分政府职能，比方说组织建筑设计方案的招标及施工单位的招标工作。由于他们自身就是房地产开发企业，与建筑设计单位及施工企业的具有广泛的"人脉"关系及长期合作，所以，在评定分离的定标方式的制度下，会对于某些设计单位及施工单位具有一定的倾向性。

再有，现在较流行的工程项目总承包制度（EPC），是指施工单位与设计单位联合参加工程建设的投标工作。这种EPC有两种表现形式。一种是施工单位为主体，为主要评审对象，设计单位为附属，具有一定的设计资质及经验。另一种形式是以设计单位为主体，要进行建筑方案设计的比选评审。

建设单位（工务署）采用这两种总承包方式有利于整个项目的统筹规划和协同运作，有利于解决设计与施工的衔接问题，把建设期间的责任和风险转移到总承包商方面，把自己从具体事务中解放出来。但是采用这种总包方式，建设单位对工程的实施过程中的参与程度及控制力会降低，公信程度也会降低。

采用上述两种制度，尤其是EPC制度来确定设计单位，都会降低建筑设计方案的作用。没有进行公开透明的定标方式，以及没有进行公开的建筑方案招标，同样没有公信力，没有建筑设计方案的比选评审过程，也就不会获得最佳的设计方案。

五、如何使建筑方案评审更加公正

1）继续完善学校建筑设计方案的招标投标程序，继续以方案招标形式来确定建筑设计单位。

2）建筑方案设计招标投标独立进行，不要与施工投标捆绑一起。

3）完善考核与筛查建筑设计方案专家评委的制度，定期更换。

4）取消提前公示评审专家的做法，引入公证部门监察制度。

5）改革专家评审的规则，包括提高评审费用，延长评审时间。

6）在评定分离制度中，向社会公开定标环节的具体内容及所有评委意见，让社会及政府监督。

7）规划部门严格把控中标方案的实施环节，杜绝中标单位在中标后大量修改中标方案或引用非中标单位的设计成果。

第六章 >>>>>
建筑方案深化设计、报审及报建文件编制

建筑方案深化设计阶段是对中标方案或概念方案继续深入设计，最终到达正式方案报建设计深度要求的阶段。

第一节　建筑方案的深化设计与报审

一、建筑方案的深化设计

一般来讲，当建筑方案中标公示后，建设单位（工务署）就会组织政府相关部门听取设计单位对中标方案的汇报。这些部门包括规划、国土、市政、环保、交通、教育、发改部门等。

参会的各部门代表听取方案设计的进度，提出本部门的意见与要求，并把该工程的进展情况转述给自己所在部门的负责人，使政府各部门都了解该工程的进度。建设单位（工务署）会收集各部门对方案的意见，以书面形式提供给设计单位，作为方案深化的依据。设计单位接到这些修改意见之后，在原设计方案、条件图基础上，结合现场实际情况，对中标方案进行完善、补充，最终绘制成符合国家标准的建筑方案设计图纸，形成建筑方案设计报建正式文本。

正式文本主要内容包括：

1）封面：标明项目名称、编制日期、建设单位及设计单位名称。

2）扉页：设计单位资质章、设计人员签名、设计单位企业法人营业执照（复印件）和工程设计证书（复印件）等。

3）设计文件目录。

4）各个专业设计说明，包括消防设计专篇、节能设计专篇、绿建设计专篇、海绵城市设计专篇。

5）设计图纸：总平面图（或用地规划图）、方案效果图及建筑设计图（平、立、剖）。

6）技术分析图：根据项目特点提供相应的功能分析图、交通分析图、消防流线分析图、环境绿化景观分析图、日照分析图、内部流线分析图等。

二、建筑方案的报审

建筑设计方案深化完成后，设计单位提交方案设计成果到建设单位（工务署）、教育局。在得到最终确认后，由建设单位（工务局）进行报审。其他的报审资料还包括建设用地规划许可证、土地证、方案中标通知书等文件。资料汇总齐全之后，建设单位递交给规划部门的办事窗口，然后由规划和自然资源局的建筑方案审查部门（建审科）负责审查。方案审查通过后，规划部门会下达方案批复文件（图6-1）。

建筑设计方案的审查内容主要是各项技术经济指标是否满足建设用地规划许可证上的要求，主要审查内容：

1）建筑面积指标的审查。对于这个方面的审查，设计单位经常会出问题，要修改好几遍，规划部门对建筑面积的规定有很多，而且经常更新。

2）关于学校功能内容的审查。在这个方面，规划和自然资源局的建筑方案审查部门（建审科）的审图人员也非常关注，哪个功能是多余的，不能设计，哪些功能缺少了就要补充完善。

3）对现有的设计规范要严格执行。

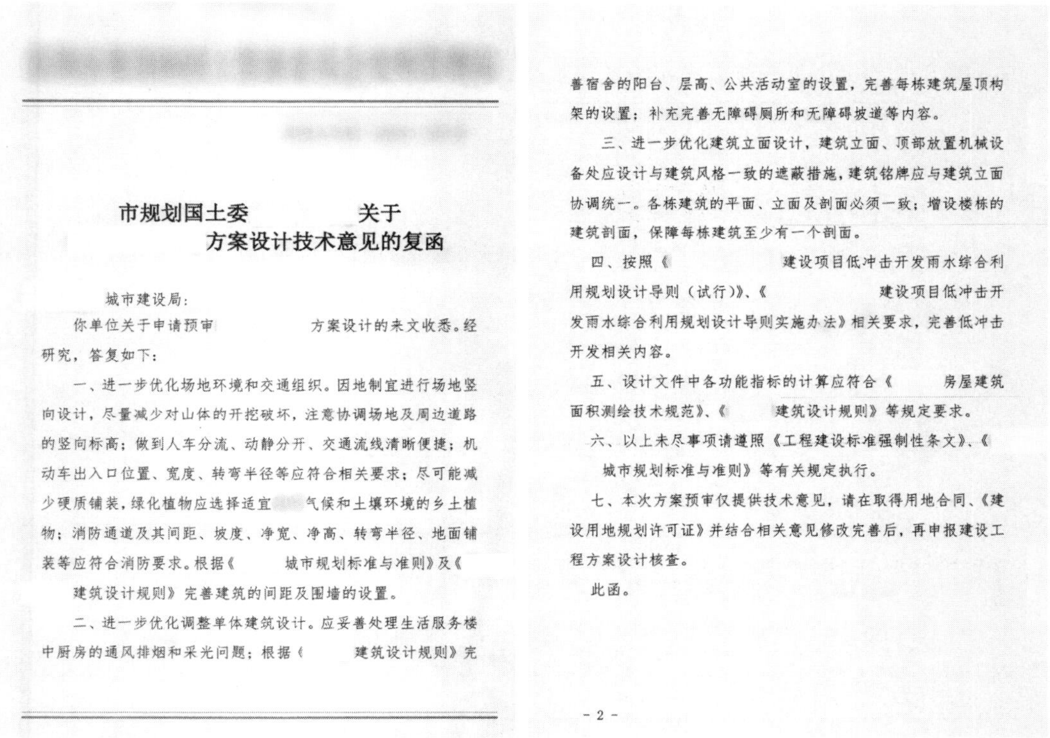

市规划国土委　　　　关于
方案设计技术意见的复函

城市建设局：

你单位关于申请预审　　　　方案设计的来文收悉。经研究，答复如下：

一、进一步优化场地环境和交通组织。因地制宜进行场地竖向设计，尽量减少对山体的开挖破坏，注意协调场地及周边道路的竖向标高；做到人车分流、动静分开、交通流线清晰便捷；机动车出入口位置、宽度、转弯半径等应符合相关要求；尽可能减少硬质铺装，绿化植物应选择适宜　　气候和土壤环境的乡土植物；消防通道及其间距、坡度、净宽、净高、转弯半径、地面铺装等应符合消防要求。根据《　　城市规划标准与准则》及《　　建筑设计规则》完善建筑的间距及围墙的设置。

二、进一步优化调整单体建筑设计。应妥善处理生活服务楼中厨房的通风排烟和采光问题；根据《　　建筑设计规则》完善宿舍的阳台、层高、公共活动室的设置，完善每栋建筑屋顶构架的设置；补充完善无障碍厕所和无障碍坡道等内容。

三、进一步优化建筑立面设计，建筑立面、顶部放置机械设备处应设计与建筑风格一致的遮蔽措施，建筑铭牌应与建筑立面协调统一。各栋建筑的平面、立面及剖面必须一致；增设楼栋的建筑剖面，保障每栋建筑至少有一个剖面。

四、按照《　　建设项目低冲击开发雨水综合利用规划设计导则（试行）》、《　　建设项目低冲击开发雨水综合利用规划设计导则实施办法》相关要求，完善低冲击开发相关内容。

五、设计文件中各功能指标的计算应符合《　　房屋建筑面积测绘技术规范》、《　　建筑设计规则》等规定要求。

六、以上未尽事项请遵照《工程建设标准强制性条文》、《　　城市规划标准与准则》等有关规定执行。

七、本次方案预审仅提供技术意见，请在取得用地合同、《建设用地规划许可证》并结合相关意见修改完善后，再申报建设工程方案设计核查。

此函。

－2－

图6-1　方案批文

第二节　建设工程规划许可证报建文件编制

在2019年之前，对于一个建设项目，先进行建筑方案设计报审，通过之后，取得方案批复。之后，再经一段时间的深化设计，建筑专业图纸要达到接近施工图深度要求。设计单位提交设计图纸上报规划部门，审查通过后，取得建设工程规划许可证。这种先报审建筑方案后报审规划许可证的方法，带来建筑设计方案的报审图纸内容与建筑施工图报建图不吻合的情况，所以一些政府部门决定自2019年初，对于普通的建设项目，要同时上报建筑设计方案及达到建筑施工图深度要求的报规图，最终，在通过审查后，规划部门下发建筑方案审批意见及建设工程规划许可证。

一、建设工程规划许可证的基本概念

1）《建设工程规划许可证》是经城乡规划部门依法审核建设工程符合城乡规划要求的法律凭证，是建设活动中接受监督检查时的法定依据。没有此证的建设单位，其工程建筑是违章建筑，不能领取房地产权属证件。

2）核发的作用：确认有关建设活动的合法地位，保证有关建设单位和个人的合法权益。建设单位如未取得《建设工程规划许可证》或者违反《建设工程规划许可证》的规定进行开发建设，严重影响城市规划的，由城市规划行政主管部门责令停止建设，限期拆除或者没收违法建筑物、构筑物及其他设施。

3）申请建设工程规划许可证的一般程序：

①凡在城市规划区内新建、扩建和改建建筑物、构筑物、道路、管线和其他工程设施的单位与个人，必须持有关批准文件向城市规划行政主管部门提出建设申请。

②城市规划部门根据城市规划提出建设工程规划设计要求。

③城市规划部门征求并综合协调有关行政主管部门对建设工程设计方案的意见，审定建设工程初步设计方案。

④城市规划部门审核建设单位或个人提供的工程施工图后，核发建设工程规划许可证。

建设工程规划许可证所包括的附图和附件，按照建筑物、构筑物、道路、管线以及个人建房等不同要求，由发证单位根据法律、法规规定和实际情况制定。附图和附件是建设工程规划许可证的配套证件，具有同等法律效力。

二、办理建设工程规划许可证需要审查的内容

报建文件应符合建设项目选址意见书、用地预审意见、规划设计要点，以及相关城市规划和标准的要求；编制单位应具备建筑工程施工图设计资质并由注册建筑师主持设计；报建图纸深度应满足《建筑工程设计文件编制深度规定》有关方案设计阶

段的要求，同时应满足技术规定的要求；主要图纸有总平面图、建筑专业的各层平面图、各向立面图、各主要剖面图和核增建筑面积专篇等。

具体的报建内容详见当地《建设工程规划许可（房建类）报建文件编制技术规定》的规定。审查通过后取得《建设工程规划许可证》（图6-2）。

图6-2　建设工程规划许可证

第七章 >>>>
建筑初步设计与概算

学校建设项目初步设计的重要作用之一就是作为工程概算的编制依据。初步设计及概算经发改部门评审和核准后，作为施工图设计及工程招标的依据。本章将介绍建筑初步设计内容及概算的概念、定义、作用、内容，并通过对一个实际工程的概算编制及调整过程的介绍，说明概算在工程中的重要作用。

第一节 建筑初步设计概述

一、建筑初步设计的概念

1. 一般规定

通常来说，建筑工程设计一般应分为方案设计、初步设计和施工图设计三个阶段。对于技术要求相对简单的民用建筑工程，当有关主管部门在初步设计阶段没有审查要求，且合同中没有做初步设计的约定时，可在方案设计审批后直接进入施工图设计。而对于政府投资较大的工程，需要对初步设计及概算进行评审，最后经发改部门核准后，作为施工图设计及工程招标的依据。

2. 初步设计内容

初步设计文件包括初步设计说明、初步设计图纸和概算。文件须装订成A3文本图册（大图可折成A3规格），并加盖建设方、设计方、报建人、注册建筑师、注册结构工程师图章。

设计说明包括：

总说明及建筑、结构、给水排水、电气（强电、弱电）、空调与通风、消防、人防、环境设计与保护、劳动安全、概算等各专业说明。

初步设计图纸：

1）建筑设计图纸包括目录、总说明、总平面图、地下室各层平面图、首层及以上各层平面图（各层平面注出建筑面积、首层平面另加注总建筑面积）、立面图、剖面图（剖面应剖在层高、层数不同、内外空间比较复杂的部位）。

2）结构设计图纸包括目录、桩位及基础平面图、地下室结构平面图、各层结构平面图（选取有代表性的楼层、过渡层、结构转换层，并标注板厚及梁截面尺寸）、新型结构的构造要求或节点简图。

3）给水排水设计图纸包括目录、总平面、各层平面、给水系统图、排水系统图、主要设备及材料表。

4）电气设计图纸包括目录、供电总平面图、变配电站、电力平面、系统图、建筑防雷、各弱电项目系统图（方框图）、主要设备及材料表。

5）采暖、空调与通风设计图纸包括目录、各空调、通风平面图、主机房、热交换间主要冷热源机房平面图（设备位置及规格）、特殊自控系统原理图、主要设备及材料表。

6）热能动力设计图纸包括目录、设备平、剖面布置图、原则性热力系统图、燃料及除渣系统布置图、区域布置图、管道平面布置图、主要设备及材料表。

7）消防设计图纸包括建筑各层平面防火及防烟分区、疏散路线图；消防给水排水总平面图、各层消防平面图、消防给水系统示意图；电气消防系统图、各层消防平面图；消防排烟通风各层平面图、前室、楼梯间、内廊加压系统图、各工种主要设备及材料选型。

8）环境设计图纸包括建筑首层平面加室外绿化、小品、雕塑等布置。

9）人防设计图纸（略）。

二、工程造价分类

在建设项目的不同阶段会有不同深度的工程投资计算：匡算、估算、概算、预算、结算、决算。

匡算是在项目立项或建设项目建议书阶段提出的项目初步投资计算，是最粗略的投资测算，供项目开发决策使用。在项目投资前，根据最基础的经济指标按经验算出来，作为建设单位是否建设项目的依据，作为建设项目可行性研究报告的一部分，供建设单位决策参考。

估算是项目预可行性研究阶段进行的投资测算，按照设计初步方案计算。

概算是项目在初步设计阶段，根据有代表性的设计图纸和有关资料，依据概算定额或概算指标，经过适当综合、扩大以及合并而成的投资计算结果，并需要经过国家相关定额管理单位审核确认，经投资主管部门审批。

预算是在施工阶段按照施工图编制的投资费用，并按照此费用控制施工及总投资，如果超出，需要报原审批单位批准调整概算。

结算即为工程结算和竣工结算。结算是在建筑安装施工任务结束后，对其实际的工程造价进行核对与结清。

决算是依据财务实际支出统计的投资，即工程实际投资，供工程竣工验收使用，是最精准的投资计算，是在竣工后根据实际情况进行汇总计算。

三、初步设计概算的内容

初步设计的概算是确定建设项目在基本建设的初步设计阶段所需建设费用最高

限额的一种费用文件。它是基本建设工程设计文件的重要组成部分。它以设计单位为主，会同有关单位按基本建设项目性质和投资费用构成等进行编制，主要依据初步设计图纸、概算定额、概算指标及有关的费用标准。

建设项目总概算分两部分：①工程费用，主要是建筑安装工程费用和设备、工具、器具购置费；②其他工程和费用。其他工程和费用概算以及和按国家规定计列的计划利润汇总编制的。

四、初步设计概算的主要作用

1）概算是编制建设项目投资以及确定和控制建设项目投资的依据。

2）概算是签订建设工程合同和贷款的依据。

3）概算是控制施工图设计和施工图预算的依据。

4）概算是衡量设计方案技术经济合理性和选择最佳设计方案的依据。

5）概算是考核建设项目投资效果的依据。

五、初步设计概算的编制与审查

1）审查设计概算的编制依据：

①审查编制依据的合法性。采用的各种编制依据必须经过国家和授权机关的批准，不能强调情况特殊，擅自提高概算定额、指标或费用标准。

②审查编制依据的时效性。各种依据，如定额、指标、价格、取费标准等，都应根据国家有关部门的现行规定进行。

③审查编制依据的适用范围。各种编制依据都有规定的适用范围，如各主管部门规定的各种专业定额及其取费标准，只适用于该部门的专业工程；各地区规定的各种定额及其取费标准，只适用于该地区范围内。

2）审查概算编制深度。一般大中型项目的设计概算，应有完整的编制说明和"三级概算"（即总概算表、单项工程综合概算表、单位工程概算表），并按有关规定的深度进行编制。审查各级概算的编制、核对、审核是否按规定编制并进行了相关的签署。

3）审查概算的编制范围。审查概算编制范围及具体内容是否与主管部门批准的工程建设项目范围及具体工程内容一致；审查分期工程建设项目的建筑范围及具体工程内容有无重复交叉，是否重复计算或漏算；审查其他费用应列的项目是否符合规定，静态投资、动态投资和经营性项目铺底流动资金是否分别列出等。

4）审查建设规模（投资规模、生产能力等）、建设标准（用地指标、建筑标准等）、配套工程、设计定员等是否符合原批准的建设项目可行性研究报告或立项批文的标准。对总概算投资超过批准投资估算10%以上的，应查明原因，重新上报审批。一般情况下，概算不应超过可行性研究报告中的估算。

5）审查设备规格、数量和配置是否符合设计要求，是否与设备清单相一致，材质、自动化程度有无提高标准，引进设备是否配套、合理，备用设备台数是否恰当，消防、环保设备是否计算等。除此之外还要重点审查设备价格是否合理、是否合乎有关规定等。

6）审查工程量是否正确。工程量的计算是否是根据初步设计图纸、概算定额、工程量计算规则和施工组织设计的要求进行的，有无多算、重算和漏算，尤其对工程量大、造价高的项目要重点审查。

7）审查计价指标。应审查建筑与安装工程采用的计价定额、价格指数和有关人工、材料、机械台班单价是否符合工程所在地（或专业部门）定额要求和实际价格水平，费用取值是否合理并审查概算指标调整系数，主材价格、人工、机械台班和辅材调整系数是否正确与合理。

8）审查其他费用。对工程建设其他费用要按国家和地区规定逐项审查，不属于总概算范围的费用项目不能列入概算，具体费率或计取标准是否按国家、行业有关部门规定计算，有无随意列项、有无多列、交叉计列和漏项等。

第二节 初步设计概算编制与审批案例

一般情况下，政府直接投资项目，比如医院、学校，都是在设计单位完成了初步设计之后，根据初步设计图纸完成概算编制工作。下面以一个学校为例，介绍一个设计概算编制说明。

一、案例分析

1. 概算编制

一、工程概况

本学校工程南侧为规划居住区用地，东侧及北侧是山体及水塘。基地周边道路：基地西侧及南侧为规划市政道路；东侧及北侧无路。项目总用地面积30591.09m^2。

本项目由2栋教学综合楼、1栋生活服务楼组成，总建筑面积34035m^2。其中：

小学部教学综合楼为地上4层、地下2层，建筑面积13799m^2。其中，地上主要建设内容为教室及辅助用房、办公、生活服务和体育馆等，建筑高度23.4m，建筑面积8860m^2；地下建设内容为设备房、人防及停车库等，建筑面积4939m^2，属于多层公共建筑。

初中部教学综合楼地上5层，建筑面积：12290m^2，主要建设为教室、办公、图书阅览室等，建筑高度为21.7m，属于多层公共建筑。

生活服务楼地上5层，建筑面积：4646m^2，主要建设内容为教师宿舍楼及食堂，建筑高度为18.7m，属于多层公共建筑。

架空休闲建筑面积：3300m²。

二、经济指标

1. 总建筑面积：34035.00m²

2. 概算总造价：23229.00万元

其中：建安工程：20011.61万元

工程建设其他费用：2111.25万元

预备费：1106.14万元

3. 工程单方造价：6825.04元/m²

其中：建安单方造价：5879.71元/m²

三、概算范围

1. 概算范围为新建建筑、室外工程，内容与设计图纸一致，包括土石方、基坑支护、地下室土建、地上土建、外立面装饰、室内普通装饰、给水排水、热水、电气、弱电、消防、通风空调、电梯、燃气、人防工程、室外工程、新增水土保持工程。其中：新增水土保持由专业公司设计。

2. 本概算未包括的内容：专业教学设备设施、专业教学智能化系统、教室桌椅、建设用地征地及拆迁费、施工机构迁移费、引进技术和进口设备其他费、办公家私、建设期利息等费用。

3. 弱电包括监控及车库管理系统、校园广播系统、有线电视系统、综合布线系统、智能照明控制系统；未包括教室教学系统。

四、编制依据

1. 设计图纸：本项目设计图纸及相应说明。

2. 本项目采用国标清单（2013）清单计价模式。

3. 定额和价格：

1）土建工程执行《市建筑工程消耗量标准（2016）》《市建筑装饰工程消耗量标准（2003）》（新机械台班）。

2）安装工程执行《市安装工程消耗量标准（2003）》（新机械台班）。

3）市政工程执行《市政工程综合价格（2017）》（新机械台班）。

4）园林绿化工程执行《市园林建筑绿化工程综合价格（2017）》（新机械台班）。

2. 概算超出估算的情况

本项目的最终概算超出了可行性研究报告的估算，在设计单位上报设计概算后，概算的审批部门（发展和财政局）询问设计单位，要设计单位解释概算造价超出了可研报告所批复的估算的原因。设计单位的回复意见为：

按照设计单位编制的项目概算总造价为23229.00万元。与可行性研究报告批复的总造价13865.80万元相比，总投资增加9363.20万元，其中教学楼、综合楼、实验楼、生活服务楼、图书馆、风雨操场、应急避难场所及新增部分建安费与可行性研究批复对比超出7976.61万元。

其中，可行性研究中教学楼、综合楼、实验楼、生活服务楼、图书馆、风雨操场、应急避难场所建安费与可行性研究批复对比，主要增加原因为：

1）因新旧定额及信息价差异引起造价增加约1067.06万元。

2）因地下室新增2939m²，增加造价约1151.53万元。

3）新增加空调系统增加造价约425.16万元。

其中，相比可行性研究新增工程量部分，内容为：

1）降水费20万元（根据岩土工程勘察报告第6.4.3.1条设置）。

2）基坑支护约783.59万元（山地地形引起）。

3）挡土墙约2698.89万元（含室外挡土墙、建筑物挡土墙及需增加的钢筋混凝土底板）。

4）总图土方平衡约1118.28万元（山地及水塘换填引起）。

5）2部乘客电梯和1部食物电梯约110万元（根据《深圳中小学校标准化建设设计指引》第3.5.2条设置）。

6）海绵城市设计约147.72万元（新增审批内容）。

7）箱涵约203.26万元（根据防洪报告）。

8）出入口门禁管理系统约80.69万元（根据使用方）。

9）红线外排水、充电桩、抗震支架共计约161.96万元。

10）荔枝树清除、移植，恢复植被费约50万元。

最终发展和财政局经过概算审核后，下发了该工程的总概算的批复文件，主要内容有：总建筑面积34035m²，其中，地下室4039m²，教师宿舍面积1380m²，架空层4400m²。总投资22390.41万元，建安费19192.49万元（图7-1）。

图7-1 概算批文

二、限额设计

前面提到过，学校建设项目中有关工程造价，按建设阶段顺序可分为匡算、估算、概算、预算、决算。在工程建设中，一般情况下，建筑工程的造价是按照由高向低排序的。也就是说，在项目立项时所做的匡算是最大值，以后的各阶段造价要低于前一阶段的造价，这样做法的主要目的就是控制建筑工程的造价。

当出现设计概算高出可行性研究估算时，建设单位要逐级上报、进行论证。最终，如果发改委认为设计概算超出可行性研究估算的理由是正当的、充分的，他们会出函批准，否则，初步设计概算就会被驳回，即使是概算批复了，也是把概算砍掉一部分，缩减到不超出可行性研究估算的程度。这么做的主要的原因是，学校建设是政府投资项目，对造价是要严格控制的。

所以，在设计中，建筑师不只是要负责把项目保质保量地设计完成，而且要严格控制建筑的造价成本。当发现由于方案进行了重大修改，或是增加了建造工程量时，一定要先核算一下建筑成本，大致核算会有多少变化，预先估计会增加多少建筑成本。最好是请专业的造价工程师，在方案深化完成后，大致计算一下建造成本。如果发现增加量很多，一定要告知建设单位（工务局），在得到他们的书面认可之后再往下进行初步设计。建设单位会提前与发改部门沟通、说明，提前准备报审的说明材料。

第八章 >>>>
建筑施工图设计

建筑施工图设计过程是建筑设计单位投入人力最多、耗时最长、工作最辛苦的阶段。建筑施工图设计涉及的专业广、图纸内容多。本章就建筑设计总说明、总平面图、消防人防、建筑节能设计说明、绿色建筑设计、海绵城市设计等方面，介绍中小学校建筑专业施工图的主要内容及常见问题。

第一节　建筑施工图设计概述

建筑施工图设计为工程设计的一个阶段，主要是通过图纸，把设计者的意图和全部设计结果表达出来，作为施工制作的依据。

施工图设计主要内容是表示工程项目总体布局、建筑物、构筑物的外部形状、内部布置、结构构造、内外装修、材料做法以及设备、施工等要求的图样。施工图按种类可划分为建筑施工图、结构施工图、水电空调专业施工图、其他专业施工图（幕墙、智能化设计等）等。

建筑施工图设计是指把建筑专业的设计意图更具体、更确切地表达出来，绘成能据以进行施工的蓝图。其任务是在初步设计或技术设计的基础上，把许多比较粗略的尺寸进行调整和完善；把各部分构造做法进一步考虑并予以确定；解决各工种之间的矛盾；并编制出一套完整的、能据以施工的图纸和文件。

建筑专业是整个建筑工程设计的龙头，没有建筑设计其他专业也就谈不上设计了。建筑设计施工图大体上包括以下部分：图纸目录，门窗表，建筑设计总说明，各层平面图，立面图，剖面图，节点大样图及门窗大样图，楼梯大样图。

第二节　建筑设计总说明

一、建筑设计总说明主要内容

一般情况下，在中小学校建筑设计总说明中，要列明该学校工程的主要用材及构造做法。中小学校一般是政府投资项目，要求设计严格按照概算来控制建造成本，所以学校除了个别重点房间，如报告厅、音体室、舞蹈室要进行室内精装修设计之外，其他的大部分房间仅设计简单的装修。

这样，在建筑说明中的建筑主要材料、构造要求及室内外装修做法说明，就显得尤为重要。这些部位主要包括：

墙体材料及做法；楼地面、屋面材料及做法；室外装修做法表；室内装修做法表；门窗材料及主要性能指标；防水工程（屋面、地下室、卫生间、室内、阳台、外墙、水池、地下室）的各部位的具体做法。

上述做法及材料一定要交代准确，这是施工图招标及施工结算的依据，不能含糊，否则在施工过程中以及施工单位最终工程结算时，会出现许多争议。

二、建筑设计总说明常见问题

1）设计依据及设计规范不全，版本过时、无标准编号。

2）应明确通向相邻防火分区疏散净宽占总宽度的百分比，且不应大于30%。

3）电梯层门未说明完整性、隔热性的要求。

4）管道穿防火墙其缝隙的封堵措施说法不准确，应用防火封堵材料封堵。

5）未明确防火卷帘的耐火完整性和耐火隔热性的要求。

6）说明中未说明所有人防设备门前的吊钩设置要求。

7）未明确无障碍停车位数量。

8）"人防施工图设计说明"缺人防工程设计审核批准意见书及其文号。

9）未说明人防的密闭通道、防毒通道、洗消间、滤毒、扩散室等战时易染毒的房间、通道、墙面、顶面、地面均应平整光洁、易于清洗。

10）未说明安全玻璃的使用范围包括玻璃栏板；栏板玻璃应采用夹胶玻璃；玻璃及安全玻璃面积和厚度的规定。

11）门窗、玻璃设计未明确铝合金门窗三性指标。

12）未明确安全玻璃使用范围、规格及防护措施。落地门窗未采取警示或防碰撞设施。

13）铝合金推拉门、推拉窗的扇未有防止从室外侧拆卸的装置，推拉窗用于外墙时，未设置防止窗扇向室外脱落的装置。

14）存在平开窗开启扇宽、高尺寸过大的情况，不符合有关规定要求，不利于使用且存在安全隐患。

15）窗户开启扇面积应符合不同性质建筑通风采光、节能的要求，并考虑窗台及阳台的折算问题。

16）说明中未补充幕墙系统的物理性能指标（抗风压性能、雨水渗透性能、水密性、气密性、热工性能、空气隔声性能、平面内变形性能、耐撞击性能、光学性能等），未确定本项目中各性能相应等级及选用数值。

17）未明确外窗与洞口之间采用高效保温材料填堵。

18）未注明库房类别。

19）未说明防火隔墙的砌筑要求。

20）应明确建筑内部装修不应擅自减少、改动、拆除、遮挡消防设施、疏散指示标志、安全出口、疏散出口、疏散走道和防火分区、防烟分区等，应明确建筑内部消火栓箱门不被装饰物遮掩，消火栓箱门四周的装修材料颜色与消火栓箱门的颜色有明显区别；疏散走道和安全出口的顶棚、墙面不应采用影响人员安全疏散的镜面反光材料。

21）未明确建筑幕墙与每层楼板、（防火）隔墙处的缝隙应采用防火封堵材料封堵。

22）未明确金属构件名称及构件耐火极限、燃烧性能。

23）未明确采用复合墙体为无空腔复合保温结构体，未注明该结构体的耐火极限。

24）未注明建筑材料、室内装修材料的选用标准。

25）装修部分（未说明）：

①地下部分人防工程顶板的底面不应抹灰，配电室、开闭站顶棚不应抹灰。

②内装修不得影响消防设施和安全疏散设施的正常使用、不得降低安全防护的要求。

③材料做法表明确室内装修材料燃烧性能等级。

④公共建筑装修用料表中与疏散相关的如楼梯间、前室、扩大前室、公共走廊等，以及配电间的内墙的装修做法不清晰。

26）消防专篇不完整，如：缺少疏散计算一览表、消防电梯、主要构件的设计选材及耐火极限、防排烟等详细说明。

27）无障碍设计说明不完整，缺无障碍通道及标识等的具体设计要求。

第三节　建筑总平面图设计

1）总图未明确建筑控制线、地下构筑物应采用虚线示意。

2）总图未注明各建筑物四角标高、地下建筑顶板面标高及覆土高度等，未表明道路道牙做法。

3）总图要注明用地红线外的用地性质、已建、在建及规划的建筑名称、高度及间距。

4）人防主要出入口周边停车场与建筑防火间距，不应小于6m。

5）未注消防车道的位置、宽度、坡度、承载力、转弯半径、回车场（消防车道尽端处）、净空高度等；未明确消防车道、登高操作场地与建筑物之间不设置妨碍消防救援的树木、架空管线等障碍物，未注明其下结构、绿地、透水铺装、管道和暗沟等能承受重型消防车的压力。

6）建筑退线、场地内道路线不清晰。

7）"人防工程施工图设计总平面图"各类标注应列明相应图例。未注明人防主要出入口坐标、人防进排风竖井位置坐标；未标注各防护单元角点坐标（10m以上的转折点应标注）。

8）未明确场地和建筑物的无障碍设计内容及范围，应明确绿化系统、道路人行系统无障碍通路贯通的设计要求。

9）景观绿化等涉及另行委托或二次设计时应明确符合本项目绿建、雨控设计内容的控制性要求。

第四节 建筑消防、技术等设计

1）防火墙与防火隔墙，防烟楼梯间、封闭楼梯间、开敞楼梯间应用以及基本术语概念不清。

2）防火分区区域，汽车库内任一点至最近人员安全出口的疏散距离不应大于60m。

3）进风机房、配电室等设备用房门口车位阻挡疏散通道。

4）某些未注明疏散通道尺寸。

5）未完善人防墙厚度尺寸、注明未有详图标注的防护门的安装尺寸。

6）未注明防化器材储藏室的面积。

7）所有防护门安装尺寸是否满足图集安装要求。

8）除尘室与集气室之间应表示油网滤尘器位置，应布置在迎冲击波方向。

9）防护单元应示意战时干厕数量应满足规定。

10）防护单元对掩蔽部淋浴室的布置有洗消前人员与洗消后人员的足迹不应交叉。

11）战时水箱未设置为临战砌筑的水箱间。

12）防火分区疏散走道净宽未注，不应小于1.10m。

13）未注明消防水泵房和消防中控室的防水淹技术措施。

14）锅炉房部分面积大于200m²，应有两个安全出口。锅炉房泄压方向不得朝向人员聚集的房间，泄压处也不得与上述地方相邻。明确锅炉房的泄压面积和泄压口的位置，应符合规定。泄压面积不够和泄压口位置不当。还有控制室疏散方向朝锅炉方向，不满足消防要求。

15）锅炉房燃气间门不应直接通向锅炉房，地面应采用不产生火花地坪。

16）不在框架梁上的防火墙未设承墙次梁，防火墙应直接设置在基础或承墙梁柱等承重构件上，并与结构专业图纸核对一致。

17）该防火分区的两个安全出口应通过疏散走道连通，不应通过其他功能房间到达。

18）设计中某些区域不能通过楼梯间前室到达第二安全出口。

19）室外疏散楼梯扶手高度未满足1.10m。

20）严寒地区屋面未设隔气层。

21）防水层与保护层之间未设隔离层。

22）屋面保护层未设分隔缝，设缝要求应明确。

23）楼梯间首层门的净宽度不应小于1.1m。

24）担架电梯的井道尺寸不满足2600mm×1700mm。

25）合用前室外窗与相邻门窗洞口的间距不满足1.0m。

26）出屋面消防电梯机房的门未采用甲级防火门。

27）严寒地区屋面未采用内排水。

28）楼梯间中间平台处的外窗应设置防护栏杆，设置后不影响梯段疏散。

29）某些室内栏杆装设后开启扇无法开启。

30）消防控制室的疏散门未直通室外或大于15m。

31）消防泵房的安全出口未直通室外。

32）消防水泵房的地面低于相邻地下室地面，未采取其他防水措施。

33）地下车库地面应设置排水设施。汽车库停车位的楼地面上未设车轮挡；地面应做排水设计，排水坡度≥1%；坡道面层应采取防滑措施。地下车库出入口与基地未设置减速措施。

34）地下车库未在平面图中标注清楚行驶方向，每层的交通流线应周转顺畅，车道的上下行应标注清楚，包括车道入口及内部车道的转弯半径应满足规范要求。

35）汽车坡道转弯处的最小环形车道内半径不宜小于4m。

36）环形坡道处的弯道超高不明确。

37）地下变配电室未采取防止水淹的措施。

38）应绘制墙身大样图明确外墙、地面、与主体交界处及顶板等做法，送排风井出地面的做法未绘制大样图，其他汽车坡道的大样图应绘制，未明确坡道采光顶的材质等。

39）未按照相关规定要求设置电动汽车的充电车位。

40）丙类库房应为乙级防火门，储藏间等有储藏性质的房间均应为乙级防火门。

41）设备用房开向走廊的门和车库的门在完全开启后净距小于1.40m。

42）地下汽车坡道与车库停车区域应用防火卷帘隔开。

43）室外楼梯周围门窗洞口距室外疏散梯的间距尺寸，不满足规定。

44）变电站内值班室的甲级防火窗是固定防火窗还是火灾时可自动关闭，未在门窗表中注明。

45）防火墙内转角两侧的门窗洞口，其水平距离不应小于4m。

46）楼梯间外墙与楼梯上空的外墙属于防火分区边界，防火墙两侧的外窗间距不满足2m。

47）地上各层所有有外窗的楼梯间，前室及其合用前室窗口与两侧门窗洞口的水平距离不满足1m。

48）立面救援窗口每个防火分区不应少于2个，未对救援窗口的玻璃有相应说明。

49）楼梯间在楼层处楼梯间防火门完全开启后应确保不应减少楼梯平台的疏散宽度。

50）楼梯间在地上、地下防火边界处，未做防火封堵。

51）大会议室、多功能厅未注明人数，音响室与会议室之间的窗不是乙级防火窗。音响室门未用乙级防火门。

52）未说明雨棚玻璃必须使用夹层玻璃或夹层中空玻璃，其胶片厚度不应小于0.76mm。

53）玻璃栏板未明确为安全玻璃。

54）门窗详图中有多个门窗或幕墙没有画出详图。

55）核心筒平面中缺少楼梯两侧扶手中心线净尺寸。

56）楼梯详图休息平台宽度不应小于梯段宽度，楼梯间挑空处护栏应表示构造做法及高度。

57）车库入口段未表示缓坡坡度。

58）墙身详图利用玻璃幕墙横向框架做防护栏杆时应明确其抗水平推力，上人屋面玻璃护栏及室外楼梯玻璃栏板、自动扶梯挑空处的护栏也有同样问题。

59）卫生间详图中有卫生洁具，缺无障碍拉杆的构造做法。

60）建筑进行无障碍设计时仅考虑水平无障碍设计，竖向交通、卫生间等设计未能配套。无障碍设计不规范，平台宽度、坡道坡度等不符合规范要求，坡道未在两侧均设扶手，坡道标准图选用有误。无障碍设计候梯厅深度不够，公共建筑内设有电梯时，至少应设置1部无障碍电梯。无障碍设计的门未安装观察玻璃，门把手一侧预留一定宽度的墙面，在门扇下方安装高0.35m的护门板，门内外地面高差不应大于15mm并以斜坡过渡。在危险地段未设置安全防护设施和安全警示。

61）阳台和上人屋面等临空处栏杆的高度、做法和标注不详或有误，可踏面计算时应注意屋面找坡高度、保温防水层厚度、变形缝凸出高度等因素，应注明防护栏杆承受荷载能力，应能承受荷载规范规定的水平荷载。

62）托儿所、幼儿园、中小学及少年儿童专用活动场所：

①栏杆必须采用防止少年儿童攀登的构造。

②楼梯平台或过道净高不应小于2m，梯段净高不宜小于2.2m。

③楼梯靠楼梯井一侧水平扶手长度超过0.50m时，其高度不应小于1.05m。

④楼梯踏步最小宽度和最大高度未满足规定要求。

⑤电动门、卷帘门和大型门的邻近应另设平开门，或在门上设平开疏散门。

⑥强风、地震地区瓦屋面每块瓦片均未做加固措施。

⑦无楼梯通达的屋面未设上屋面的检修人孔或外墙爬梯。

⑧配电室长度大于7m时应在两端各设一个出口，常常只设一个。

63）其他方面：

①上层的卫生间不应直接布置在下层厨房、餐厅的上层。

②阳台未表达地漏和排水方向、坡度。

③走廊和公共部位通道的净宽不应小于1.20m，楼梯梯段净宽不应小于1.10m。

④楼梯间窗口与房间窗口最近边缘之间的水平间距不应小于1.0m。

⑤临空处防护栏杆的净高未符合要求，栏杆净高应从可踏部位起计算，且防护栏杆必须采用防止儿童攀登的构造。

⑥供轮椅通行的走道和通道净宽不满足1.2m。

⑦竖向排气道的出口应高出屋面及平台地面2m，当周围4m之内有门窗时，应高出门窗上皮0.6m。

64）消防方面：

①地下车库出入口处的防火分区墙上未设甲级防火门，用人防门代替甲级防火门。

②地下车库出入封闭楼梯间门未设置乙级防火门。

③汽车坡道出入口处未设防火卷帘。

④地下室设喷淋系统后一个防火分区面积仍超过 $1000m^2$。（非车库用房）

⑤地下自行车库防火分区面积超过 $500m^2$。

⑥柴油发电机房与储油间之间未设甲级防火门，且未采取防止油流散的措施。

⑦设备用房门不应直接开向楼梯间。

⑧防火门开启方向朝向变形缝。

⑨楼梯电梯间合用前室外窗开启面积小于 $3.0m^2$。

⑩厨房窗开口的上方应设置不小于1m的防火挑檐。

⑪地下室车库安全疏散最大距离超过60m。

⑫袋形走道尽端的房间室内安全疏散距离超过20m。

⑬安全疏散出口穿过其他房间方能到达。

⑭室内两个安全出口间的距离不足5m。

⑮面积超过 $50m^2$、$75m^2$、$120m^2$的多层建筑的房间只开了一个门。

⑯位于袋形走道尽端的只开了一个门的房间，门洞宽度不足1.4m。

⑰应设防火门的未设防火门，或防火门未向外开启。

⑱安全疏散楼梯间与相邻房间的窗间墙，或防火墙两侧的窗间墙宽不足2m。

⑲设备用房的门直接开向疏散楼梯间。

⑳疏散楼梯间的前室布置了其他小房间且将门开向前室。

㉑与地下室相通的疏散楼梯下到一层时未做设门分隔等措施。

㉒消防电梯未下到地下室，或消防电梯未设前室；防烟楼梯间未设前室。

㉓栏杆高度、构造做法不符合规范要求；低于0.9m的窗台未设防护栏杆。

65）人防设计：

①人防设计未符合当地的具体技术要求。

②人防地下室图纸的技术指标、平面布置、坡度、构造做法、排水设计与平时建筑图纸有矛盾。

③平面图中各口部、连通口、人防门垛等钢筋混凝土构件的细部尺寸不全，且无相关大样，构造尺寸和空间尺寸未满足相关规范和选用图集的要求。

④人防战时封堵做法标注不详，或封堵方式不当，战时封堵方式应符合人防主管部门关于平战转换的要求。

⑤抗爆隔墙的做法、长度不符合要求。

⑥两相邻防护单元之间应至少设置一个连通口。

⑦人防工程染毒区一侧墙面应用水泥砂浆抹光。

⑧室外出入口设计应采取防雨、防地表水措施。

⑨无法设置室外出入口的6级人防，人防出入口设置未符合要求。

⑩人防出入口梯段和通道的净宽不应小于人防门洞宽度。

⑪应根据掩蔽人数计算通行宽度，战时出入口的门洞净宽之和应满足该防护单元的总通行宽度要求。

⑫缺防空地下室顶板防排水设计。

⑬人防地下室的战时防火分区面积未符合要求。

⑭汽车坡道入口处的反坡高度应不小于150mm。

⑮人防区内需设防火门处不可用普通人防门代替防火门，人防门和防火门设置在同一位置的，构造尺寸和做法应满足两者的安装要求。

⑯应提供人防应建建筑面积的计算过程，计算方式应规范。

⑰《人防工程概况及设施设备清单（报建）》《人防工程指标汇总表》应按要求完整填写，并与图纸设计相符。

⑱注明人防层净高，应满足人防门的安装要求。

⑲室外疏散楼梯扶手高度不应小于1.10m，见《建筑设计防火规范》（GB 50016—2014）第6.4.5-1条规定。

⑳明确平时排风井是否为汽车库平时排风井，如是，则排风口底部距室外地坪高度不应小于2.5m。

㉑风井出地面百叶底距离室外地坪高度小于1.05m，应设置安全防护措施。

㉒人防掩蔽人数的计算应按该工程的要求进行。

㉓密闭通道入口防护门注明门框墙厚度。

㉔注明洗消污水集水坑尺寸及做法。

㉕物资库垂直运输井门内侧应设可开启防护栏杆（现有百叶不能起防护作用），

并注明该栏杆平时加锁，且剖面图应示意该栏杆；排风井应设排风百叶口。地面出口明确高差防止雨水倒灌并设坡道净宽不应小于2.0m。

㉖应注明物资库提升井设置承重不小于1.0t的吊钩，出口应设坡道。

㉗注明第二防毒通道入口人防门安装尺寸，第一防毒通道人防门的门框墙厚度。

㉘排风井人防门门前通道尺寸应不小于1200mm。

㉙完善扩散室和防爆波活门的安装尺寸。

㉚防护密闭门设置于竖井内，其门扇外表面不得凸出竖井墙面设置。

㉛人防通风口应注可开启百叶尺寸，不得小于 0.7m×0.7m。

㉜人防说明没有写清抗力级别。

第五节　建筑节能设计

1）屋面为倒置式屋面，保温层的设计厚度未明确按计算厚度增加25%取值。

2）明确玻璃幕墙具体框料类别；未明确各向外窗或玻璃幕墙构造。

3）未注明各向通风面积比具体数值。

4）未注明建筑体形系数和窗墙比。

5）未明确接触室外空气楼板的位置、做法和传热系数。

6）未明确与供暖层相邻的非供暖车库顶板构造做法及传热系数。

7）未明确供暖地下室外墙热阻。

8）种植屋面构造与材料做法表不一致；明确不上人屋面节能计算过程。

9）外墙构造做法与材料做法表不一致。

10）采暖与非采暖隔墙构造与平面图不一致。

11）建筑围护结构非透光部位保温做法表：种植屋面和不上人屋面未分别列入，未注明屋面找坡层材料。

12）直接判定表：屋面、外墙未填构造类型；种植屋面和不上人屋面未分别列入。

13）公共建筑入口大厅及单一立面透光面积比未注明和计算。

下面举例说明一个学校的节能计算结果，见表8-1~表8-8。其中，"居住建筑"指的是学校的宿舍。

表 8-1　居住建筑围护结构基本参数及热工指标汇总表

	部位	参数	规定指标	设计指标	节能措施简述
1	屋顶	传热系数K/（W/m²·K）	$0.4<K≤0.9, D≥2.5$	0.55	采用挤塑聚苯板保温隔热
		热惰性指标D		6.460	

（续）

	部位	参数	规定指标				设计指标	节能措施简述
2	外墙	平均传热系数 K_m	2.0<K≤2.5，D≥3.0或 1.5<K≤2.0，D≥2.8或 0.7<K≤1.5，D≥2.5				1.91	采用防水砂浆及水泥砂浆东面设置保温涂料
		平均热惰性指标 D_m					3.13	
3	窗墙面积比	各朝向的窗墙比 东	≤0.30				0.00	隔热金属型窗+LOW-E中空玻璃
		南	≤0.40				0.370	
		西	≤0.30				0.00	
		北	≤0.40				0.030	
		☑平均窗墙比C_{MW} □平均窗地比C_{MF}	—				0.160	

4	外窗（含阳台门透明部分）	综合遮阳系数 S_w	□平均窗墙比C_{MW} ☑平均窗地比C_{MF}	外墙平均指标（p≤0.8）			
				$K≤2.5$ $D≥3.0$	$K≤2.0$ $D≥2.8$	$K≤1.5$ $D≥2.5$	$K≤1.0$ $D≥2.5$
			C_{MW}或$C_{MF}≤0.25$	≤0.5	≤0.6	≤0.8	≤0.9
			$0.25<C_{MW}$或$C_{MF}≤0.30$	≤0.4	≤0.5	≤0.7	≤0.8
			$0.30<C_{MW}$或$C_{MF}≤0.35$	≤0.3	≤0.4	≤0.6	≤0.7
			$0.35<C_{MW}$或$C_{MF}≤0.40$	≤0.2	≤0.3	≤0.5	≤0.6
			$0.40<C_{MW}$或$C_{MF}≤0.45$	—	≤0.2	≤0.4	≤0.5

设计指标：$S_w=0.21$，$C_{MF}=0.22$；节能措施简述：隔热金属型窗+LOW-E中空玻璃

参数	规定指标	设计指标	节能措施简述
通风开口面积	≥10%房间地面面积或≥45%外窗面积	≥10%房间地面面积	
气密性 1~9层	不低于4级	6	开启方式：平开、推拉
气密性 ≥10层	不低于6级		
传热系数$K/$（W/m²·K）	—		
可见光透射比T_r	≥0.4	0.620	
东西向外窗建筑外遮阳系数SD	≤0.8	0.000	
主要房间窗地面积比	≥1/7	0.22	

表 8-2　居住建筑节能设计权衡判断表

建筑节能设计权衡判断指标	设计建筑	参照建筑
建筑物采暖空调年耗电量/（kW·h/m²）	51.52	69.82

注：1. 计算软件名称：20170303（SP3）。
　　2. 软件开发单位：清华斯维尔软件科技公司。

表 8-3　建筑节能材料、产品送检指标要求

性能\材料、产品	导热系数λ/（W/m²·K）	蓄热系数S/（W/m²·K）	传热系数K/（W/m²·K）	太阳得热系数SHGC	遮阳系数SC	遮蔽系数	气密性q₁（m³/m·h）	可见光透射比	干密度/（kg/m³）	抗压强度/kPa	吸水率（%）
挤塑板XPS（B1级）	0.030	0.320							25~32	≥150	≤15
加气混凝土砌块	0.220	3.590							700	3500	
单层铆铝框玻璃窗			5.720	0.65	0.744		6	0.770			
LOW-E中空玻璃			2.600	0.35	0.400		6	0.620			
6mm透明玻璃			5.720			0.930		0.770			
LDW-E中空玻璃			1.800			0.500		0.620			

表 8-4　公共建筑（教学综合楼）围护结构基本参数及热工指标汇总表

	部位	参数	规定指标	设计指标	节能措施简述
1	屋面	传热系数/（W/m²·K）	$D_m \geq 2.5$，$K_m \leq 0.9$；$D_m < 2.5$，$K_m \leq 0.4$	0.67	1.采用挤塑聚苯板保温隔热 2.采用绿化屋面，且屋面绿化面积达到屋面可绿化面积的30%
2	外墙	传热系数/（W/m²·K）	$D_m \geq 2.5$，$K_m \leq 1.5$；$D_m < 2.5$，$K_m \leq 0.7$	1.05	采用防水砂浆及水泥砂浆
3	架空或外挑楼板	传热系数/（W/m²·K）	$K_m \leq 1.5$	4.37	

（续）

	部位	参数	规定指标	设计指标	节能措施简述
4	窗墙面积比	东	≤0.7	0.19	小学部A、B座南、东面采用隔热金属型窗+LOW-E中空玻璃 初中部A、B、C座东面采用隔热金属型窗+LOW-E中空玻璃
		南	≤0.7	0.20	
		西	≤0.7	0.05	
		北	≤0.7	0.22	

	外窗（包括透明幕墙）	传热系数/（W/m²·K）	太阳得热系数S_{HGC}（东、南、西向/北向）	东		南		西		北		
				K	S_{HGC}	K	S_{HGC}	K	S_{HGC}	K	S_{HGC}	
5	单一朝向外窗（包括透明幕墙）	窗墙比C≤0.2	≤5.2		2.61	0.30	4.88	0.48	3.11	0.40			
		0.2<C≤0.3	≤4.0	≤0.52/—							3.74	0.39	
		0.2<C≤0.3	≤3.0	≤0.44/0.52									
		0.3<C≤0.4	≤2.7	≤0.35/0.44									
		0.4<C≤0.5	≤2.5	≤0.26/0.35									
		0.5<C≤0.6	≤2.5	≤0.24/0.30									
		0.6<C≤0.7	≤2.5	≤0.22/0.26									
		0.7<C≤0.8	≤2.0	≤0.18/0.26									
		0.8<C	≤3.0	≤0.30									
		玻璃透光率C（<0.4时）	≥0.4	0.770/0.620									
		可开启面积	外窗≥30%窗面积	外窗≥35%窗面积									
		气密性q_1/（m³/m·h）	外窗q_1≤1.5	6									开启方式:平开、推拉

表 8-5 公共建筑（教学综合楼）节能设计权衡判断表

建筑节能设计权衡判断指标	设计建筑	参照建筑
建筑物采暖空调年耗电量/（kW·h/m²）	27.08	29.99

注：1.计算软件名称：20170303（SP3）。
2.软件开发单位：清华斯维尔软件科技公司。

表 8-6 公共建筑（食堂）围护结构基本参数及热工指标汇总表

	部位	参数	规定指标	设计指标								节能措施简述
1	屋面	传热系数/（W/m²·K）	$D_m \geq 2.5$，$K_m \leq 0.9$；$D_m < 2.5$，$K_m \leq 0.4$	0.69								1.采用挤塑聚苯板保温隔热 2.采用绿化屋面，且屋面绿化面积达到屋面可绿化面积的30%
2	外墙	传热系数/（W/m²·K）	$D_m \geq 2.5$，$K_m \leq 1.5$；$D_m < 2.5$，$K_m \leq 0.7$	1.05								采用防水砂浆及水泥砂浆
3	架空或外挑楼板	传热系数/（W/m²·K）	$K_m \leq 1.5$	4.37								
4	窗墙面积比	东	≤0.7	0.00								采用隔热金属型窗+LOW-E中空玻璃
		南	≤0.7	0.68								
		西	≤0.7	0.37								
		北	≤0.7	0.34								

		外窗（包括透明幕墙）	传热系数/（W/m²·K）	太阳得热系数S_{HGC}（东南、西向/北向）	东		南		西		北		
					K	S_{HGC}	K	S_{HGC}	K	S_{HGC}	K	S_{HGC}	
5	单一朝向外窗（包括透明幕墙）	窗墙比$C \leq 0.2$	≤5.2		2.60	0.35							
		$0.2 < C \leq 0.3$	≤4.0	≤0.52/—									
		$0.2 < C \leq 0.3$	≤3.0	≤0.44/0.52									
		$0.3 < C \leq 0.4$	≤2.7	≤0.35/0.44					2.60	0.24	2.60	0.35	
		$0.4 < C \leq 0.5$	≤2.5	≤0.26/0.35									
		$0.5 < C \leq 0.6$	≤2.5	≤0.24/0.30									
		$0.6 < C \leq 0.7$	≤2.5	≤0.22/0.26									
		$0.7 < C \leq 0.8$	≤2.0	≤0.18/0.26			2.60	0.26					
		$0.8 < C$	≤3.0	≤0.30									
		玻璃透光率C（<0.4时）	≥0.4	0.620									
		可开启面积	外窗≥30%窗面积	外窗≥35%窗面积									
		气密性q_1/（m³/m·h）	外窗$q_1 \leq 1.5$	6									开启方式：平开、推拉

表 8-7　公共建筑（食堂）节能设计权衡判断表

建筑节能设计权衡判断指标	设计建筑	参照建筑
建筑物采暖空调年耗电量/（kW·h/m²）	25.08	26.37

注：1. 计算软件名称：20170303（SP3）。

2. 软件开发单位：清华斯维尔软件科技公司。

表 8-8　建筑节能材料、产品送检指标要求

性能 材料、产品	导热系数λ/（W/m·K）	蓄热系数S/（W/m²·K）	传热系数K/（W/m²·K）	太阳得热系数 SHGC	遮阳系数 SC	遮蔽系数	气密性 q_1/（m³/m·h）	可见光透射比	干密度/（kg/m³）	抗压强度/kPa	吸水率（%）
挤塑板XPS（B1级）	0.030	0.320							25-32	≥150	≤1.5
加气混凝土砌块	0.220	3.590							700	3500	
LOW-E中空玻璃			2.600	0.350	0.400		6	0.620			
LOW-E中空玻璃			1.800			0.500		0.620			

第六节　绿色建筑设计

一、绿色建筑设计主要内容

主要内容包括规划设计技术措施、建筑与装修设计技术措施、暖通设计技术措施、电气照明与智能化设计技术措施、给水排水设计技术措施、景观园林设计技术措施、绿色建筑自评估结论。

绿色建筑专业设计单位要向政府部门上报绿色建筑单项设计，并跟踪项目的建设过程，在工程竣工后，协助建设单位完成绿色建筑标准的认证工作。

当项目为绿色建筑二星级设计时，在设计中应采取以下关键技术措施：

1）场地物理环境（声、光、热、风）优化设计。

2）场地绿化优化设计（透水铺装）。

3）场地交通组织优化设计。

4）建筑综合节能优化设计（围护结构、空调系统、照明系统）。

5）建筑节水综合优化设计（供水系统、节水设计、雨水回用）。

6）建筑节材综合优化设计（造型简约、本地建材、高性能材料、结构体系优化、

预拌砂浆和预拌混凝土、土建装修一体化设计）。

7）室内物理环境优化设计（噪声、通风、采光）。

依据《绿色建筑评价标准》（GB/T 50378）及《绿色建筑评价技术细则》在节地、节能、节水、节材、室内环境质量及运营管理等方面的技术要求，项目的规划设计阶段控制项全部达标，一般项与优选项项数达到设计阶段二星级的标准。

二、绿色建筑设计常见问题

根据一些学校的绿色建筑设计实际案例，总结出如下常见设计问题：

1）"绿建专篇"应依据规定编制绿建专项说明，应明确参评星级，并按附注填写《绿建集成表》《记分表》；绿建专篇应注明控制项、评分项，按照分项写具体说明。

2）绿建说明中未对场地原主要用途、原地形进行简要的介绍，未写明规划用地的性质。

3）绿建集成表与绿建说明不一致。

4）屋面做法中未注明太阳辐射反射系数。

5）总图区域应提供公共交通示意图，注明公共汽车站线路名称。

6）总图未提供景观室外竖向设计平面图，应标明室外人行道、室外活动场地等主要活动广场的竖向标高。有高差处应表示出无障碍设施的做法。

7）建筑设计说明中应写明主要功能房间的室内噪声级，且满足国家标准《民用建筑隔声设计规范》（GB 50118—2010）中室内噪声标准中的低限要求；设计说明中应写明外墙及外窗的做法、隔声性能要求。

8）建筑设计说明应写明主要功能房间的外墙、隔墙的做法、门窗的隔声性能、楼板的撞击声隔声性能，且满足现行国家标准《民用建筑隔声设计规范》（GB 50118—2010）中的低限要求；材料做法表中应写明外墙、隔墙、楼板的做法及隔声性能。

9）设备机房墙面及顶棚未采用有吸声、隔声功能的饰面材料。

10）建筑设计说明未写明种植区域覆土深度及排水做法；未提供室外景观种植平面图、苗木表、植物数量计算说明书。

第七节　海绵城市设计

一、海绵城市设计概述

海绵城市是指城市能够像海绵一样，在适应环境变化和应对自然灾害等方面具有良好的"弹性"，下雨时吸水、蓄水、渗水、净水，需要用水时将蓄存的水"释放"

并加以利用。海绵城市建设遵循生态优先等原则，将自然途径与人工措施相结合，在确保城市排水防涝安全的前提下，最大限度地实现雨水在城市区域的积存、渗透和净化，促进雨水资源的利用和生态环境保护。

二、海绵城市设计案例分析

南方城市的新建及改扩建中小学校的施工图设计中，要求有海绵城市设计资质的咨询设计单位编制海绵城市设计专篇，并要单独报审。

一般情况，根据当地的规定，在方案设计和申请建设工程规划许可证阶段，项目方案设计（施工图设计）应提供以下材料：区域排水系统图、项目汇水分区及设施布局图、项目目标及设计方案自评表。方案设计（或施工图评审）时，评审单位（或审查机构）应按照国家、地方相关规范及标准，将海绵城市相关工程措施作为重点审查内容，并明确审查结论。

下面列举一个实际案例，介绍一所南方城市学校的海绵设计专篇评审文件：

1. 项目背景及设计依据

（1）项目概况：项目规划总用地面积为 37877m²，总建筑面积为 69898m²，建筑基底面积为15803m²，绿地面积为9243m²。场地内设置雨水花园等措施吸纳、蓄渗雨水，并有效地控制场地内的雨水径流。

（2）海绵城市设计依据。

《防洪标准》（GB 50201—2014）

《城市防洪工程设计规范》（GB/T 50805—2012）

《地表水环境质量标准》（GB 3838—2002）

《城市排水工程规划规范》（GB 50318—2017）

《室外排水设计规范》（GB 50014—2006）（2016版）

《城市工程管线综合规划规范》（GB 50289—2016）

《建筑与小区雨水利用工程技术规范》（GB 50400—2016）

《城市水系规划导则》（SL 431—2008）

《城市水系规划规范》（GB 50513—2009）（2016年版）

《水污染物排放限值》（DB 44/26—2001）

《海绵城市建设技术指南—低影响开发雨水系统构建》

《低影响开发雨水综合利用技术规范》（SZDB/Z 145—2015）

《雨水利用工程技术规范》（SZDB/Z 49—2011）

《城市道路工程设计规范》（CJJ 37—2012）（2016年版）

《城市道路路基设计规范》（CJJ 194—2013）

《城市绿地设计规范》（GB 50420—2007）（2016年版）

《城市园林绿化评价标准》（GB/T 50563—2010）

《公园设计规范》（CJJ 48—2016）

《园林绿化工程施工及验收规范》（CJJ 82—2012）

《绿色建筑评价标准》（GB/T 50378—2014）

《深圳市海绵城市专项规划》（2016年9月）

《深圳市海绵城市规划要点和审查细则》（2016年11月）

《深圳市房屋建筑工程海绵设施设计规程》（SJG 38—2017）

《深圳市城市规划标准与准则修订》（2014年版）

2. 海绵城市的建设目标

根据《市海绵城市规划要点和审查细则》及《市房屋建筑工程海绵设施设计规程》，本项目属于新建类建筑，建筑项目分级为建筑与小区，用地类型为教育设施用地，本项目为中部雨型区，土壤为壤土类型，要求控制目标为：年均雨水径流控制率不低于68%，对应的设计降雨量29.7mm，面源污染消减率为55%。

3. 海绵城市的设计

根据项目用地性质、用地规模、项目定位及规划要求等实际情况合理布置海绵城市设施，对排水系统、绿地系统、道路系统等区域的雨水进行有效吸纳、蓄渗和缓释，有效控制雨水径流，实现海绵建设总体控制目标。具体规划方案如下：

1）项目区域中的道路结合景观设计，在东南角绿地中布置蓄水池。

2）公共空间和集中绿地内设置雨水花园，区块内的雨水先流入海绵城市设施，溢流雨水经过初步净化后流入市政管网。

3）广场及人行道地垫优先采用透水铺装。

4）遵循暴雨处理为主、景观设计为辅的方针。

采取措施：

（1）雨水花园　雨水花园是一种有效的雨水自然净化与处置技术设施，也是一种生物滞留设施。它具有建造费用低，运行管理简单，自然美观，易与景观结合等优点（图8-1~图8-3）。

图8-1　雨水花园

图8-2　雨水花园实景图

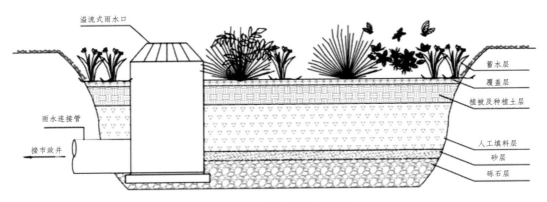

图8-3 雨水花园做法大样图

（2）透水铺装 项目在人行道及广场地垫处尽量采用透水铺装（图8-4、图8-5）。

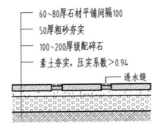

图8-4 透水铺装路面做法大样图

图8-5 透水铺装实景图

（3）蓄水池（图8-6） 蓄水池是指具有雨水储存功能的集蓄利用设施，同时也具有消减峰值流量的作用，主要包括钢筋混凝蓄水池，砖、石砌筑蓄水池及塑料蓄水模块拼装式蓄水池。蓄水池需根据雨水回用用途不同配建相应的雨水净化设施，雨水可回用于绿化灌溉、冲洗路面等。

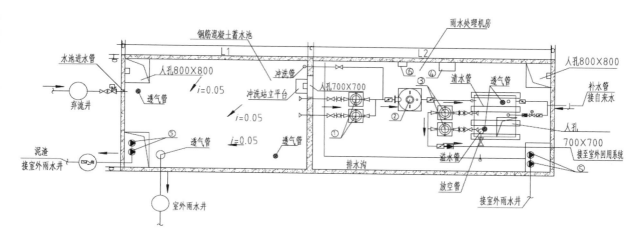

图8-6 钢筋混凝土雨水收集回用系统平面布置图

（4）屋顶绿化（图8-7~图8-9） 设置屋顶绿化，降温隔热效果优良，且能美化环境、净化空气、改善局部小气候，还能丰富社区的俯仰景观，能补偿建筑物占用的绿化地面，大大提高了社区的绿化覆盖率，提高居住环境的舒适美观性。由于植物和基质都能吸收和储存水分，有效降低雨水汇集速度，延缓峰值时间，降低雨水排放强度。

图8-7 屋顶绿化

图8-8 屋顶绿化实景图

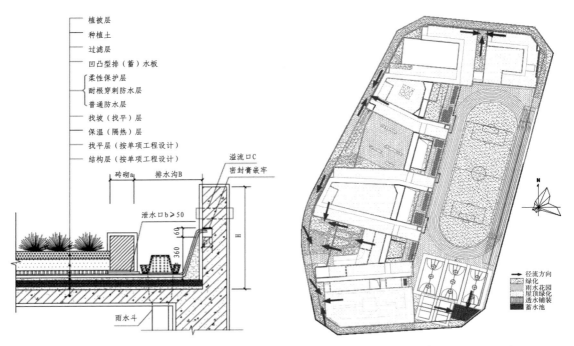

图8-9　屋顶绿化做法大样图　　　　图8-10　汇水分区及径流流向示意图

本项目采用容积法设计，即以径流总量控制为目标，控制地块内各低影响开发设施的设计调蓄容积之和，即总调蓄容积，一般不低于该地块"单位面积控制容积"的控制要求。场地内设置下凹式绿地、雨水花园等措施吸纳、蓄渗雨水，并有效地控制场地内的雨水径流（图8-10）。

设计目标：年径流总量控制率不低于68%，对应的设计降雨量29.7mm。

步骤一：依据项目现状地形标高进行汇水分区的划分。项目排水方向整体是朝周边建筑及道路雨水排向周围绿地，地块视为一个汇水分区。

步骤二：通过综合雨量径流系数的方法计算每个汇水分区所需的调蓄容积。

1）屋面雨水通过屋顶雨落管引导进入建筑周围的绿地入渗。

2）项目采用蓄水池进行雨水调蓄，并回用于绿化灌溉及冲洗路面。

3）项目在绿地内设置雨水花园进行雨水调蓄，雨水花园是在浅凹绿地内进行科学的植物配置，对汇集的雨水进行过滤、短暂调蓄，并最终缓慢渗入土壤以达到减少径流量的设施。雨水花园可集雨水收集和净化于一体，并在源头实现雨水净化。

步骤三：汇水区调蓄容积计算，并完成各个地块各类设施布置。

步骤四：完成项目全部分区设施布局及调蓄类设施规模计算。通过以上计算和分析，本项满足《市房屋建筑工程海绵设施设计规程》中雨水年径流总量控制率不低于68%。

步骤五：面源污染削减率的计算。通过以上计算和分析，本项目满足《市房屋建筑工程海绵设施设计规程》中的关于面源污染总削减率不低于55%的要求。

4. 海绵城市专项设计自评表（表8-9）

表8-9 专项设计自评表

年径流总量控制率目标（%）				68%
年径流总量控制率目标对应设计降雨量/mm				29.7
	指标			备注
排水分区划分	排水分区个数		1	
	排水口个数		1	
汇水分区				
下垫面解析	汇水区	汇水区面积/m²	37877	
		汇水区项目用地面积/m²	37877	
	屋顶	总面积/m²	15803	
		屋顶绿化面积/m²	10396	
		其他软化屋顶面积/m²	0	
	绿化	总面积/m²	9243	
		水体面积/m²	0	
	铺装面积	总面积/m²	12831	
		渗透铺装面积/m²	5092	
	综合雨量径流系数		0.47	
	需要控制容积/m³		526.48	
专门设施核算	具有控制容积的设施	总容积/m³	540	
		下凹式绿地容积/m³	0	
		蓄水池容积/m³	450	
		雨水花园容积/m³	90	
	排水设施	污水管网收集率（%）	100	
竖向用地控制	地下建筑	户外出入口挡水设施高度/m	0.1	
	内部厂平	高出相邻城市道路高度/m	0.1	
	地面建筑	室内外正负零高差/m	0.3	
综合自评	控制目标评价		目标值	完成
	年径流总量控制率		68%	68.6%
	污染物削减率（以TSS计）		55%	55.1%
	雨水管网设计重现期/年		5	5
	引导性指标		要求值	完成
	绿色屋顶率（%）		50%	65.8%
	绿色生物滞留设施比例（%）		90%	3.2%
	透水铺装率（%）		90%	39.7%
	不透水下垫面径流控制比例		70%	71.2%
结论	本项目目标达标，部分引导性指标不达标，详见计算书和数学模型			

5. 海绵设施建设目标表（表8-10）

表 8-10　设施建设目标表

指标类型	序号	指标名称	影响因素			目标值
控制目标	1	年径流总量控制率（%）	用地性质	排水分区	内涝风险等级	68%
			教育设施用地	1	高□ 中□ 低√	
	2	雨水管网设计暴雨重现期/年	——			5年
	3	面源污染削减率（%）	所在汇水区			龙岗河中游片区
			Ⅱ类、Ⅲ类水体汇水区□ Ⅳ类水体汇水区√ 其他汇水区□			55%
引导性	4	透水铺装率（%）	—			90%
	5	绿地生物滞留设施比例（%）	—			90%
	6	绿色屋顶率（%）	—			50%
	7	不透水下垫面径流控制比例（%）	—			70%

设计单位签章：　　　　　　　　　　　　　　　　　　建设单位签章：

第九章 ▶▶▶▶
建筑施工图设计文件审查

自2004年国家实行建筑施工图审查制度以来，建筑施工图的设计质量得到了很大提升。2019年9月，根据国家政策的调整，一些城市政府开始取消了施工图审查制度。这一制度的改变，对于建筑设计工作将会带来很大的影响。

第一节　建筑施工图设计文件审查概述

一、施工图设计文件审查制度的建立

1）在2004年，国务院令第687号文对《建设工程质量管理条例》进行了修改，第十一条的内容为：建设单位应当将施工图设计文件报县级以上人民政府建设行政主管部门或者其他有关部门审查。施工图设计文件审查的具体办法，由国务院建设行政主管部门会同国务院其他有关部门制定。施工图设计文件未经审查批准的，不得使用。

这个条例是关于施工图设计文件审查制度的规定，按照这一规定，施工图设计文件审查成为基本建设必须进行的一道程序，建设单位应严格执行。

2）施工图设计文件审查，既是对设计单位的成果进行质量控制，也能纠正参与建设活动各方的不规范行为，而且审查是在施工图设计文件完成之后，交付施工之前进行，这样就可以有效地避免损失，保证建设工程的质量。

3）施工图设计文件审查制度的建立和实施是许多发达国家确保工程建设质量的成功做法，不少国家均有完善的设计审查制度。我国从1998年开始了建筑工程项目施工图设计文件审查试点工作，通过审查，在节约投资、发现设计质量隐患和市场违法违规行为等方面都有明显的成效。

4）《建筑工程施工图设计文件审查暂行办法》规定，建筑工程的建设单位应当将施工图报送建设行政主管部门，由建设行政主管部门委托有关审查机构审查。审查的主要内容为：

①建筑物的稳定性、安全性审查，包括地基基础和主体结构体系是否安全、可靠。

②施工图设计文件是否符合消防、节能、环保、抗震、卫生、人防等有关强制性标准规范。

③施工图设计文件是否能达到规定的深度要求。

④施工图设计文件是否损害公众利益。

5）《建筑工程施工图设计文件审查暂行办法》还规定，凡应当审查而未经审查或者审查不合格的施工图项目，建设行政主管部门不得发放施工许可证，施工图不得交付施工。经过审查的项目，审查机构只负相应的审查责任，但不代替原设计单位应该承担的设计质量责任。

二、施工图设计文件审查的作用

1）截止到2019年，建设工程施工图审查工作开展有15年了，正是由于审查的严格把关，才使勘察设计质量保持稳定，有效地避免了安全隐患和质量事故的发生，保障了广大社会公众利益。施工图审查机构定位在公益性事业单位，实行总量控制，不搞竞争，从根本上杜绝了恶性竞争带来的严重后果，从而为施工图审查健康发展提供了制度保证。

2）施工图审查是建设主管部门认定的施工图审查机构按照有关法律、法规，对施工图涉及公共利益、公众安全和工程建设强制性标准的内容进行的审查。对建设工程和工程勘察设计的质量控制，国家住建部和行业有关部门均发布了若干法规性文件，还有质量管理和控制的专门机构。15年来的审查结果也证明，勘察设计产品质量在逐年提高，违反强制性条文、强制性标准的数量在减少。

3）施工图审查不仅要对勘察文件中涉及工程建设强制性标准等内容严格把关，还对现场作业原始记录和测试、试验记录等进行核查。对不合格的勘察文件及时退还建设单位并书面说明不合格原因，发现有关违反法律、法规和工程建设强制性标准的问题，及时报建设主管部门。施工图审查同时承担着与建设主管部门的信息传输工作，还对新技术、新方法、节能减排的推广起着重要的作用（图9-1）。

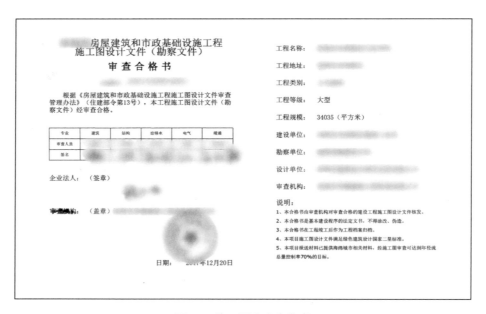

图9-1 施工图审查合格书

4）施工图审查合格书是办理建筑工程施工许可证的依据（图9-2）。

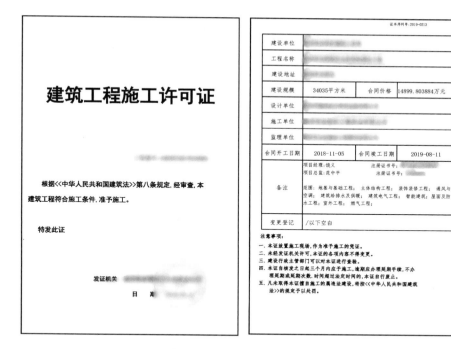

图9-2 建设工程施工许可证

第二节 关于取消施工图设计文件审查

一、文件发布

2019年3月26日国务院办公厅《关于全面开展工程建设项目审批制度改革的实施意见》（以下简称《实施意见》）的出台。《实施意见》提出要进一步精简审批环节，要求"试点地区在加快探索取消施工图审查（或缩小审查范围）、实行告知承诺制和设计人员终身负责制等方面，尽快形成可复制可推广的经验。"

这是近年来国务院首次明确提出要取消施工图审查制度，而且对取消施工图审查之后的责任落地提出了解决办法，即告知承诺制以及设计师终身负责制。

2019年下半年，南方的一些试点城市印发"进一步深化工程建设项目审批制度改革工作实施方案"，旨在全面贯彻落实党中央、国务院关于深化"放管服"改革的部署要求，深入推进工程建设项目审批制度改革试点工作。相关措施如下：

1）全面取消施工图审查，各项行政许可均不得以审查文件作为前置条件。

2）建设单位在施工报建时采用告知承诺方式，承诺提交的施工图设计文件符合公共利益、公众安全和工程建设强制性标准要求，并将施工图设计文件上传至施工图信息管理系统。

3）在取消施工图审查制度的试行期间，住建等相关主管部门将对社会投资建设项目上传的施工图设计文件进行100%抽查。相关抽查结果将影响建设单位、设计单位信用评级，后续信用良好的单位将减少抽查次数或者免于抽查。

4）建设单位项目负责人对工程质量承担全面责任，勘察、设计单位项目负责人应当对因勘察、设计导致的工程质量事故或质量问题承担终身责任。

5）对于政府投资项目，由建设单位负责组织消防、规划等部门进行工程竣工验收，其他部门不再进行联合验收。

二、取消施工图设计文件审查的原因

施工图审查制度实施至今已逾15年，逐渐积累了一些弊端，主要内容归纳如下：

1. 施工图审查制度减小了施工图设计质量差的单位的压力

有了施工图审查制度的存在，令质差设计单位的施工图出图质量看似无后顾之忧，破坏了过往通过施工图质量比较的淘汰机制，质差设计单位在施工图质量管理方面不思进取。另外施工图审查制度的存在，也变相打击了原来质优的设计单位继续花大力度投入施工图质量管理的积极性。

2. 建设单位及设计单位过度依赖施工图审查机构

本来设计单位的施工图出图流程为设计、校对、审核，但自从有了施工图审查制度，有的设计单位在出施工图前，已不再进行认真校对和审核，而是直接签字盖章送交施工图审查机构审查。有些设计单位虽然还有校对、审核机制，但由于考虑到还有施工图审查机构把最后一关，所以施工图的校对、审核程序极其粗糙和随意，质量触目惊心，出现许多违反设计规范中强制性条文的地方。

3. 施工图审查机构的审查水平问题

由于施工图审查机构的审查人员水平不同、领悟力不同、个人理解不同、着重点不同、审图周期不同、工作经验不同等因素，审查意见告之书的结果也会有所差异。另外，建设行政部门弱化了对施工图设计单位的质量监管。

4. 施工图审查机构经营方面的问题

施工图审查机构要维持机构运转及几十个高级职称（注册）技术人员的收入，这并不是件容易的事情。审查机构与建设单位之间有经济合同，让施工图审查机构依靠审图费来发工资，会发生不公正不中立的事情。

第三节 如何看待取消施工图设计文件审查

任何一种制度在执行初期都会有不同看法，取消施工图审查的执行也不例外。就像是15年前设立施工图审查制度时，社会上有不同的看法，同样到现在，政府取消施工图审查制度，社会上也存在不同的观点。

一、赞成取消施工图审查的观点

1. 取消施工图审查是建筑师负责制的必然结果

取消施工图审查决策的出台是符合行业调整大背景的整体构思的。现在整个行业在不断强化设计的终身责任制及个人资质，并弱化设计院这种计划经济时代的集体产物，以后设计院应该是主要承担总承包项目这种大规模大体量的建设项目，而个人资质有利于强化和发展设计的个性化服务。

现阶段的施工图审查单位完全是给设计兜底的一个单位，对于建设单位、施工单位，他们拿到设计的正式成果，就是他们开展工作的依据，受法律保护，有没有审查单位对他们来讲没有什么区别，无非是拿到设计图纸的时候能安心些，但是设计若是真的有问题，建设单位也有权追责，审查单位归根结底最大的作用就是保护了设计。

2. 取消施工图审查有利提高设计的灵活性

之前审查单位为了设计原则的问题和设计院互相扯皮的事情并不少见。取消施工图审查后设计在一定程度上将是比较灵活的，只要不超越规范、不涉及安全问题，很多时候可以不再受审查单位的影响。

二、不赞成取消施工图审查的观点

1. 施工图审查是有法律依据的

我国吸取1999年四川綦江彩虹桥坍塌造成40多人死亡重大事故的经验教训（图9-3），同时借鉴西方发达国家有关做法和成熟经验，2004年国家颁布了《建设工程质量管理条例》和《建设工程勘察设计管理条例》，强制规定我国建设工程施工图必须经过审查后，方可用于施工。

图9-3　彩虹桥坍塌现场图

同年，建设部出台《实施工程建设强制性标准监督规定》，要求"施工图设计文件审查单位应当对工程建设勘察、设计阶段执行强制性标准的情况实施监督"。

在美国，施工图审查由政府部门统一管理及实施，部分州也设立一些民营审查机构。德国专门设有设计审查局，负责认定审核工程师，并由后者成立审核工程师事务所，承担设计审核工作；事务所对设计审查局负责，向审查局提交项目的设计审核报告，在得以批准后，项目方可建设。再比如我国香港地区，建筑署设立"审查委员会"，负责政府投资工程的施工图审查；屋宇署设立"工程设计审查委员会"，负责私人投资工程的施工图审查。审查合格项目颁发审查通过证明，并作为申领工程开工许可证的必备条件。

2. 继续实行施工图审查是非常有必要的

目前工程勘察设计图纸质量及设计管理问题很多，主要表现在：

1）设计价格的恶性竞争，导致设计费一直维持在多年前的较低水平，致使设计单位的利润较低，导致勘察设计企业人才流失、从业人员素质整体上呈现下滑态势，各地的工程勘察设计整体质量不容乐观。

2）勘察设计市场中的中小型规模设计单位，设计技术力量薄弱、质量安全意识涣散、公司体制机制混杂。

3）目前，各地普遍存在建设单位为赶工期任意压缩勘察设计周期、自身准备工作不周全致使频繁发生变更设计等不正常情况。建设单位明示或暗示勘察设计单位违反法律法规、降低工程建设强制性标准而进行勘察设计的现象，更是时有发生。

3. 施工图审查制度在提升设计质量方面作用很大

1）纵览国内外，许多重大恶性工程事故，根源常在于勘察、设计环节出现问题。如1986年新加坡新世界酒店由于设计失误致使大楼倒塌，33人死亡，新加坡设计图纸审查制度因此建立。2015年12月20日，南方某地发生了导致70多人死亡的严重山体滑坡事故。后经调查发现，原山坡上有一个市政工程项目的岩土工程未履行正规用地报建程序，未经正规勘察、设计，其勘察设计文件也未提交施工图审查（图9-4）。

图9-4 山体滑坡现场

2）开展施工图设计审查制度，即在图纸交付施工之前，就能及时发现勘察、设计重大问题，"事前把关和预防"强于"事后检查和补救"。

3）工程建设行业新技术、新模式层出不穷，对于建筑节能、绿色建筑、海绵城市、装配式建筑、综合管廊、建废利用、水土保持和生态环保等审查要求，以及传统的高危边坡基坑、超限高层、市政基础设施、轨道交通、燃气工程、消防、人防、防雷等审查工作，都离不开施工图审查机构的辛勤工作。

综上所述，施工图审查机构作为介于建设单位、设计单位和政府工程监管，施工单位之间，开展技术咨询、审查和仲裁的独立第三方技术机构，为提高勘察设计质量、平衡公众利益、把关公共安全，发挥了重要的作用。

第十章 ▶▶▶▶
建设工程现场设计服务

俗话说"编筐编篓全在收口"，经过投标、中标、建筑方案深化设计、初步设计、施工图设计的艰苦努力，建筑师完成了绝大部分设计工作，而施工现场设计服务阶段是建筑设计工作的最后一道工序，是确保建设工程项目从"建议"到"建成"的重要环节。

第一节　建筑工程现场设计服务概述

一、建设工程现场设计服务的基本概念

建设工程现场设计服务是指设计单位在施工图交付后至验收期间，配合施工现场各单位处理涉及设计的有关事宜，说明施工图设计意图并指导实施，解答和解决实施过程中的问题，参与重大施工方案和指导性施工组织方案研究，参加安全质量问题调查处理、工程验收等工作。

建设工程现场设计服务阶段是建设项目全过程设计服务中的重要组成部分，也是设计合同中重要的设计服务条款的内容。现在的设计项目的难度逐年提高，工期紧张，建设单位适应市场的需求，对建筑设计的要求不断提高、不断发生修改，施工阶段经常发生调整设计的情况。再有，由于设计工期短、设计水平不足带来现在的设计产品不尽完善。因此设计人员的现场配合施工，作为设计工作的最后一道技术服务，发挥着对设计产品的补充、修改和完善的作用，满足建设单位的使用需求及设计服务合同、技术规范的要求。

近几年，有的地方工务局制定了一种更严格的针对设计单位的管理方式——"履约评价"制度。每个项目设立一个履约评价表，由工务局填写。此表为百分制，根据最终项目的评分来衡量设计单位的综合设计情况，其中现场设计服务的比例非常大。"履约评价表"的最后得分将决定最终设计费的多少，以及决定将来该设计单位能否继续承担该区的项目。这种做法促使设计院加大了现场配合力度，赋予了建设单位管理的更大权力（图10-1）。

xx 区建设工程承包商（设计、勘察及其他）

季度（节点）履约评价报告书

建设单位 （评价单位）			评价期限		年　月　日　至 年　月　日	
承包商 （评价对象）			承包商类别		√设计 □勘察 □造价咨询 □施工图审查，其他_____	
承包商资质等级			承包商地址			
法定代表人		电话	项目负责人		电话	
工程名称			承包范围		设计	
工程地点			工程合同价			
合同开工日期	年　月　日	合同竣工日期	年　月　日	合同工期		（天）
实际开工日期	年　月　日	实际竣工日期	年　月　日	实际工期		（天）
项目参建人员评分	得分：　　　分：					
评价阶段	●设计、造价咨询合同评价阶段：□方案阶段 □初设阶段 □施工图阶段 √在建阶段 □维保阶段 ●勘察评价阶段：□勘察阶段 □施工服务阶段 ●施工图审查合同评价阶段：□施工图报建通过 □工程主体封顶 □项目竣工的节点					
建设单位对承包商履约的总体评价：						
评价等级	□优秀（90≤总分≤100分）　　□良好（75分≤总分≤89分） □合格（60≤总分≤74分）　　□不合格（总分≤59分）				总分：	
履约评价结果反馈情况	履约单位联系人：　　　　　，联系电话： □ 已将履约评价报告发放履约单位					
承包商（评价对象）签认或拒签说明						
履约单位反映情况	如履约单位认为评价结果不公正，可在收到本报告后的5个工作日内，书面向我局反馈。					

图10-1　履约评价报告

二、建设工程现场设计服务的范围

不同类型的工程项目，具有不同的现场设计服务内容。以学校设计为例，建筑师现场服务工作的主要内容如下：

1）参加工务署、教育局或政府有关部门的审查会、咨询会。

2）参加工程施工招标答疑。

3）施工图技术交底。

4）工地巡视。

5）解决施工现场的与设计相关的技术问题。

6）参加工程设备变更与调试。

7）重要施工节点的现场指导。

8）设计变更。

9）工程例会、专项例会。

10）工程竣工验收。

11）工程回访。

三、建设工程现场设计服务人员基本职责

1. 建筑师（设计负责人）基本职责

1）负责将合同（包括变更协议）内的设计现场服务条款、事项在内部尽早地、及时地下达各相关专业负责人，并落实实施计划。

2）组织各专业参加设计交底会和重要的现场技术协调会，处理现场的设计问题，负责设计交底的综合介绍和协调各专业的图纸交底。

3）作为设计单位项目设计现场服务的组织管理者，对外负责与业主、施工单位及有关部门沟通，对内负责服务资源的协调，协调处理有关施工过程中出现的各类专业之间的技术问题，及时解决问题，保证现场工作的顺利进行。

4）负责参加与业主进行设计变更、增项服务相关费用、时间的洽商会议。

5）负责组织各专业参加竣工验收，做好现场服务质量信息反馈和总结工作。

6）负责将有关设计现场服务内容与设计报酬结合合同条款和分配制度进行预留、分配。

2. 建筑专业负责人基本职责

1）处理本专业和协调其他专业在现场施工过程中出现的设计问题。

2）协助项目设计负责人处理现场设计问题及参加现场设计协调会。

3）及时组织编制本专业的设计变更和补充图纸，会签相关专业的设计变更、补充图纸，签字确认施工技术核定单。

4）负责解决技术交底或施工中相关技术问题。

5）凡遇到重大问题或自身能力不足以解决的问题应及时向项目经理和技术领导汇报。

6）对于发现的其他专业存在的现场问题应主动协助解决。

3. 建筑专业设计人员基本职责

1）协助处理现场施工过程中出现的本专业范围内的各类设计问题。

2）协助专业负责人编制本专业的设计变更和补充图纸。

3）协助专业负责人解决现场出现的有关设计问题，密切并及时配合现场施工。

4）凡遇到重大问题或自身能力不足以解决的问题应及时向专业负责人汇报。

5）对于发现的其他专业存在的现场问题应主动协助解决。

4. 设计现场代表基本职责

1）定期收集业主及有关参建方意见，及时发现项目服务质量和合同履约问题，及时向项目负责人进行报告。

2）协助项目负责人进行客户关系沟通、协调工作。

3）协助项目设计负责人、专业负责人解决现场问题，对本专业设计图纸一般问题进行解释、协调，当遇到需要进行相关设计变更事宜应及时向项目设计负责人、专业负责人汇报。

四、建设工程现场设计服务的问题

1. 现场设计服务人员经常不到位的问题

设计单位出于对成本支出的考虑，不愿意派出设计人员去现场，觉得浪费时间、浪费成本，导致施工现场问题的累积，影响工程正常进行。

2. 现场设计服务人员经常解决不了的问题

设计单位派出现场服务人员的技术指导能力不强和服务能力缺乏的问题，导致现场设计问题不能马上解决。

3. 现场设计服务人员的薪金待遇的问题

现场设计服务人员的工资比不上在设计单位办公楼里工作的设计人员的薪金待遇，他们工作没有热情，不负责任。

4. 设计单位的施工图设计质量的问题

由于目前项目设计工期短、设计人员流动性大、设计经验少、经验较多的老工程师的转行、设计费多年来维持在较低水平、设计人员的内地回流、设计人员责任心不强等原因，导致施工图设计质量在下滑。

再有，现在的建筑设计方案的设计难度较大，新技术、新材料的不断涌现，国家不断出台的新的设计规范，这些原因也导致施工图的设计难度在不断加大，出现图纸错、漏、碰、缺的现象越来越严重。

第二节　建设工程现场设计服务的主要内容

一、施工图交底会审

建设项目开工前，设计单位将向建设单位提交经过审查的施工图，由建设单位把施工图纸转发给施工单位、监理单位。这两个单位仔细看过施工图后，他们会将设计疑问以书面形式发给设计单位。为节约时间，彼此之间先是通过电话、网络进行沟通，然后集合全部的施工现场参加单位进行面对面的施工图技术交底工作（图10-2）。

施工图技术交底包括说明设计意图，提出建设单位、监理和施工单位注意事项，解答建设、施工、监理等单位提出的相关问题。对重点、难点、高风险和采用新技术的工程项目应专门组织技术交底。技术交底之后，设计院对涉及的修改内容要及时修改，并在交底会议纪要约定的时间内向建设单位答复修改计划及进度，努力确保工程的施工进度。

图10-2　施工图交底会审

二、工地巡视

设计院派驻现场的设计代表不仅对设计与施工起着沟通和媒介的作用，而且对工程投资、工程进度、协调与业主的关系以及对设计的优化起着非常积极的作用。

目前，施工图设计质量不高，图纸错、漏、碰、缺现象严重，是设计工作长期以来存在的问题，某些错误虽然看上去简单，但对施工建设方造成的损失是巨大的，由此给内部各专业相互之间协调增加的工作量是巨大的。图纸设计错、漏、碰、缺产生的原因很多，其中设计单位质量管理水平不高和图纸设计人员及各级审校人员的责任心不强是两个主要因素。

多数设计单位派驻到现场的设计代表都较为年轻，普遍存在技术指导能力与服务能力缺乏的问题。针对上述这个事实，建筑师（设计负责人）要亲自定期巡视现场，了解情况，及时解决设计图纸和设计配合中存在的问题。发现问题后，能马上解决的立即签单确认，不影响施工进度。建筑师不能现场解决的问题，就把问题带回来，马上召集相关专业的设计人员马上解决。

三、设计变更

1. 产生设计变更的原因

1）原设计资料不准确或发生改变而引起的设计修改。

2）根据施工时的情况而发生的工程内容增减产生的设计变更。

3）建设单位或使用方改变了使用功能而发生的工程量的变更。

4）由于设计错误、遗漏而产生的设计变更。

5）采用合理化建议优化设计产生的设计变更。

6）由于施工中产生错误产生的设计变更。

7）使用的材料品种及设备选型的改变产生的设计变更。

8）工程地质勘查资料不准确而引起的设计变更。

2. 设计变更的严肃性

对于设计变更的签发原则，设计变更无论是由哪方先提出，均应由监理部门会同建设单位、设计单位、施工单位协商，经过确认后由设计部门发出相应图纸或说明，并由监理工程师办理签发手续，下发到有关部门付诸实施。

在中小学校建设项目建设过程中，要严格、慎重地处理设计变更事宜，一定要考虑变更以后所产生的后果（质量、工期、造价），以及现场变更往往引起的施工单位的索赔等所产生的造价增加，权衡轻重后再做出决定。设计单位所出具的设计变更单将来要作为施工单位工程结算的依据，最主要的是设计变更单的流程及内容一定要经得起将来审计部门的审查。当遇到设计变更有可能引起工程造价超预算时，更要慎重。

3. 现场签证

在施工过程中，由于各种不确定的原因，例如：基础工程由于遇到流沙、墓穴、溶洞，或者是天气、自然灾害等，需要改变施工方案及延长工期，经过监理、建设单位的确认并签字盖章，有时需要建筑师（设计负责人）附加确认，形成一个现场签证，作为工程结算增减工程造价的凭据。现场签证的范围一般包括：

1）适用于施工合同以外零星工程的确认。

2）在施工过程中发生变更后需要现场确认的工程量。

3）非施工单位原因导致的人工、设备窝工及相关损失。

4）符合施工合同规定的非施工单位原因引起的工程量或费用增减。

5）确认修改施工方案引起的工程量或费用增减。

6）工程变更导致的工程施工措施费增减等。

4. 现场签证与设计变更的不同

根据目前的建设工程管理规定，"设计变更"与"现场签证"的概念是不同的。

"设计变更"由设计单位完成，并事先征得工程参与各方的同意（详见设计变更洽商单），最终由设计单位盖章签字，并作为工程结算的依据。

"现场签证"是由施工单位提出，经由监理单位、建设单位批准并确认签字的证明文件，有时需要设计单位附加签字确认。

一般情况，"设计变更单"与"现场签证"都可作为工程结算的依据。但是，最终核定施工单位工程量的审计部门在核定工程结算时，会把设计变更单内容直接作为工程结算的依据，而对于现场签证资料，审计部门有时认为工程现场签证不属于合同之内的工程量，要召开论证会，由有关部门层层审批。

下面举例说明：

某施工单位中标了一个学校工程施工。按照原招标文件，项目用地的南侧、东侧有市政道路。他们只需在旁边租用一块空地作为临建生活、办公区就可以了。但到现场发现，南侧、东侧的市政道路并没有形成，连路基也没有，并且从西侧市政道路到所租用的生活、办公区及工地现场也没有连接的道路，需要施工单位自行建设一条临时道路把市政道路、生活区、工地联系起来，这条临时道路长度要达到200多m，局部要架设钢板，有些地方需要硬化做路基。临时道路建好了，工程开工了，施工单位提出设计变更单申请，用变更单形式增加工程量。

根据合同约定这条临时道路的设计不是设计变更范围的内容，该项临时道路工程不在建设用地红线内，不属于设计合同范围内的设计工作。设计单位经过多次与工务局、施工单位协商，最终决定走现场签证程序来认证其工程量。

建筑师（设计负责人）要把控好手中的权利，认真履行设计合同的条款及内容，分清哪个是设计变更内容、哪个是现场签证内容。

四、工程验收

各个专业的设计人员按验收标准规定参与分项、分部、单位工程的检查及验收工作。对于工程验收的具体要求，详见国家或地方的建筑工程验收规范、流程。对于中小学校建设工程项目，各阶段的验收内容及主要参加单位包括：

1. 中间验收

中间验收是指工程项目实施过程中对各分部、分项工程的质量验收，如基础、主体结构、装修、电气安装等分部验收，钢筋、模板、混凝土、抹灰、砌体等分项工程验收。

参加单位及人员：项目部质量技术管理负责人（或项目工程质量监理工程师），施工单位负责人，外部监理单位工程师，工程技术部工程师，设计单位和政府质量监督部门。

2. 交接验收

交接验收是指不同工序间的工作面移交时（即不同施工队伍配合施工）的检查验收。

参加单位及人员：交接双方施工单位负责人，项目部质量技术管理负责人（或项目工程质量监理工程师），项目部专业工程师。

3. 单项工程验收

单项工程验收是指需单独设计报建、独立施工的单项工程，需政府相关主管部门主导的工程验收，如永久供水、永久供电、消防、电梯、环保、人防等。

参加单位及人员：施工单位负责人，项目部质量技术管理负责人（或项目工程质量监理工程师），项目部专业工程师，工程技术部工程师、成本部造价工程师、物业管理人员（或客服），设计单位和政府相关主管部门。

4. 竣工综合验收

竣工综合验收是指各单位单项工程验收合格后，由建设方组织，由施工方、监理方、设计方（含地质勘查）以及政府监督部门（质检站）参与的工程验收，并签署综合验收文件、报告，该项验收完成后即可进行存档（图10-3）。

参加单位及人员：施工单位负责人（是指总承包单位），项目部质量技术管理负责人（或项目工程质量监理工程师），建设单位（工务署）项目负责人，工程技术部工程师，成本部造价工程师，物业管理人员（或客服），设计单位和政府相关主管部门（质检站）。

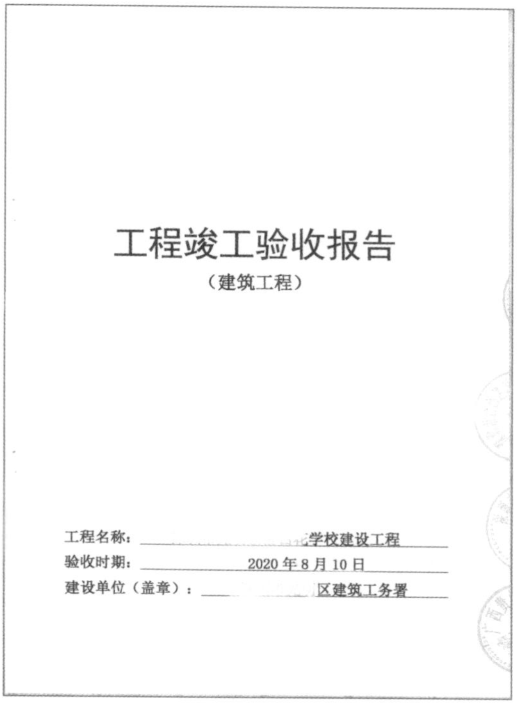

工程竣工验收报告

（建筑工程）

工程名称：学校建设工程

验收时期：2020 年 8 月 10 日

建设单位（盖章）：区建筑工务署

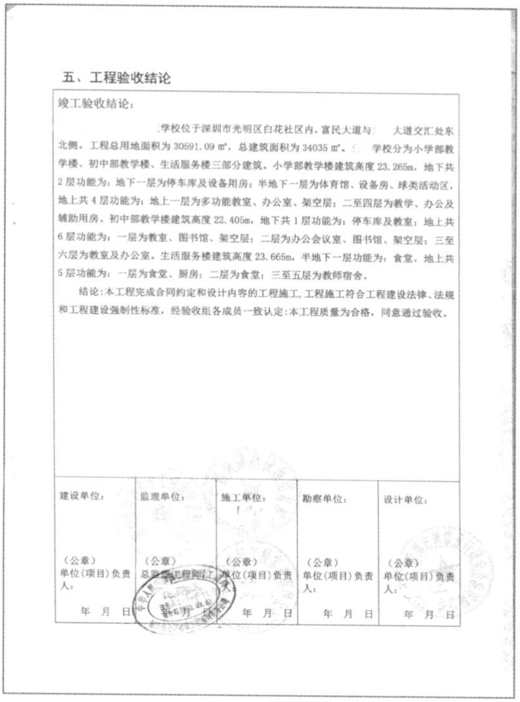

五、工程验收结论

竣工验收结论：

学校位于深圳市光明区白花社区内，富民大道与大道交汇处东北侧。工程总用地面积为 30591.09 ㎡，总建筑面积为 34035 ㎡。学校分为小学部教学楼、初中部教学楼、生活服务楼三部分建筑。小学部教学楼建筑高度 23.265m，地下共 2 层功能为：地下一层为停车库及设备用房；半地下一层为体育馆、设备房、球类活动区，地上共 4 层功能为：地上一层为多功能教室、办公室、架空层；二至四层为教学、办公及辅助用房。初中部教学楼建筑高度 22.405m，地下共 1 层功能为：停车库及教室；地上共 6 层功能为：一层为教室、图书馆、架空层；二层为办公会议室、图书馆、架空层；三至六层为教室及办公室。生活服务楼建筑高度 23.665m，半地下一层功能为：食堂，地上共 5 层功能为：一层为食堂、厨房；二层为食堂；三至五层为教师宿舍。

结论：本工程完成合同约定和设计内容的工程施工，工程施工符合工程建设法律、法规和工程建设强制性标准，经验收组各成员一致认定：本工程质量为合格，同意通过验收。

建设单位：	监理单位：	施工单位：	勘察单位：	设计单位：
（公章） 单位（项目）负责人： 年　月　日	（公章） 总监理工程师： 年　月　日	（公章） 单位（项目）负责人： 年　月　日	（公章） 单位（项目）负责人： 年　月　日	（公章） 单位（项目）负责人： 年　月　日

图10-3　建筑工程竣工验收报告

附录 ▶▶▶▶
中小学校建筑设计实例

1. 统一融合——36班小学扩建工程建筑设计方案

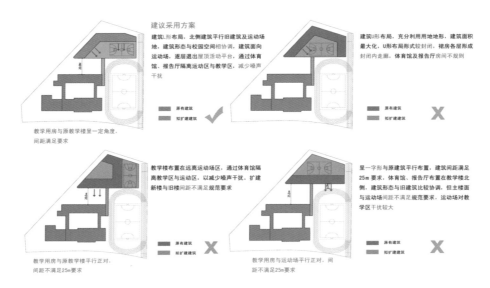

建议采用方案

建筑L形布局，北侧建筑平行旧建筑及运动场地，建筑形态与校园空间相协调，建筑面向运动场，逐层退出屋顶活动平台，通过体育馆、报告厅隔离运动区与教学区，减少噪声干扰

■ 原有建筑
■ 拟扩建建筑
✓

教学用房与原教学楼呈一定角度，间距满足要求

建筑U形布局，充分利用用地地形，建筑面积最大化，U形布局形式较封闭，裙房各层形成封闭内走廊，体育馆及报告厅房间不规则

■ 原有建筑
■ 拟扩建建筑
✗

教学楼布置在远离运动场区，通过体育馆隔离教学区与运动区，以减少噪声干扰，扩建新楼与旧楼间距不满足规范要求

■ 原有建筑
■ 拟扩建建筑
✗

教学用房与原教学楼平行正对，间距不满足25m要求

呈一字形与原建筑平行布置，建筑间距满足25m要求，体育馆、报告厅布置在教学楼北侧，建筑形态与旧建筑比较协调，但主楼面与运动场间距不满足规范要求，运动场对教学区干扰较大

■ 原有建筑
■ 拟扩建建筑
✗

教学用房与运动场平行正对，间距不满足25m要求

附图1-1 分析比较

鸟瞰图

附图1-2 鸟瞰效果图

2. 灵动书斋——24班小学新建工程建筑设计方案

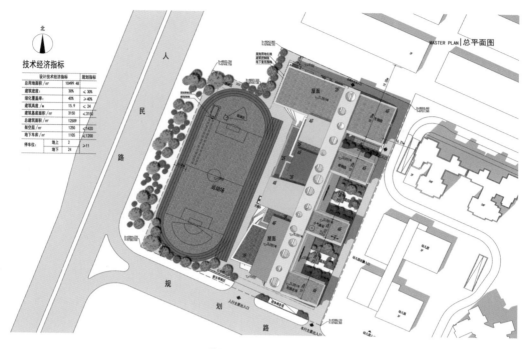

附图2-1　总平面图

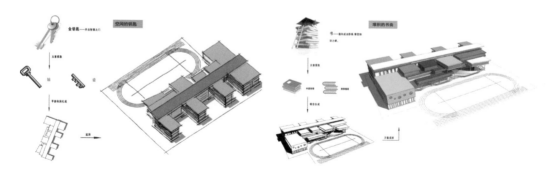

附图2-2　设计理念

附图2-3　实景照片

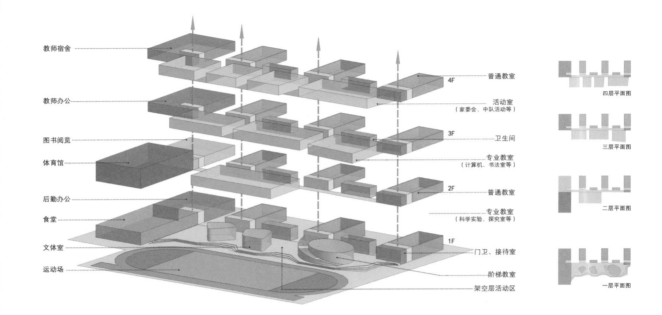

教师宿舍

教师办公

图书阅览
体育馆

后勤办公
食堂

文体室

运动场

4F —— 普通教室

—— 活动室
（家委会、中队活动等）

3F —— 卫生间

—— 专业教室
（计算机、书法室等）

2F —— 普通教室

—— 专业教室
（科学实验、探究室等）

1F —— 门卫、接待室

—— 阶梯教室

—— 架空层活动区

四层平面图

三层平面图

二层平面图

一层平面图

附图2-4　功能组织示意图

附图2-5　鸟瞰效果图

3.快乐积木——24班小学新建工程建筑设计方案

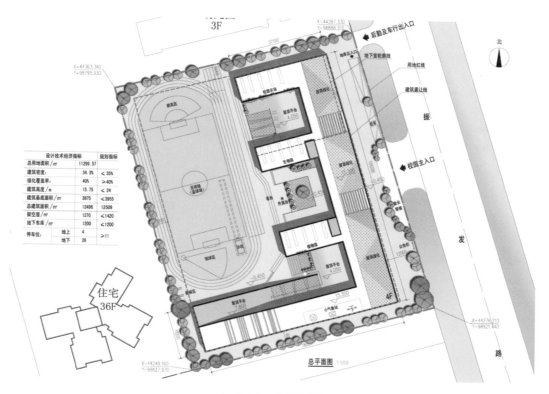

附图3-1 总平面图

附图3-2 实景照片

概念构思——积木

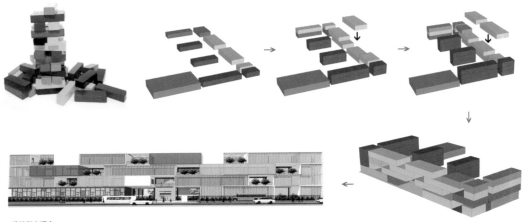

建筑形态研究

积木式造型简洁、色彩斑斓，富有童趣。功能体块通过堆积木的方式合理布置。东侧布置灵活趣味空间，形成"积木"墙，简洁干净的百叶体块穿插色彩斑斓的玻璃盒子，给小学生带来丰富、充满趣味性学习生活空间

附图3-3　设计理念

附图3-4　沿街效果图

4. 儒学传承——54班九年一贯制学样扩建工程建筑设计方案

附图4-1　总平面图

附图4-2　学校入口效果图

附图4-3　鸟瞰效果图

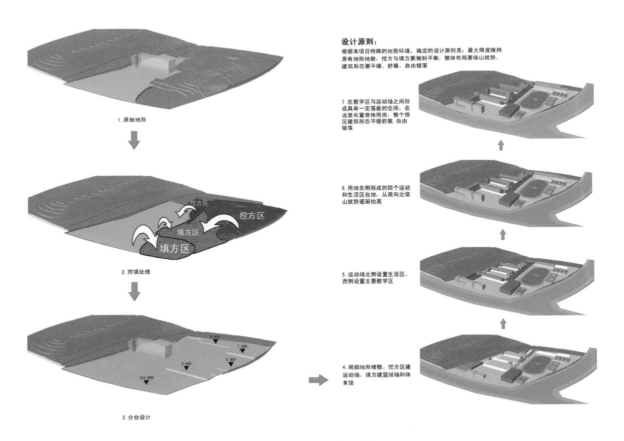

设计原则:
根据本项目特殊的地势环境,确定的设计原则是:最大限度维持原有地形地貌,挖方与填方要做到平衡,整体布局要依山就势,建筑形态要平缓、舒展,自由错落。

7. 在教学区与运动场之间形成具有一定落差的空间,在这里布置育体用房,整个园区建筑形态平缓舒展,自由错落

6. 用地东侧形成的四个运动和生活区台地,从南向北依山就势逐渐抬高

5. 运动场北侧设置生活区,西侧设置主要教学区

4. 局部地形修整,挖方区建运动场,填方建篮球场和体育馆

1. 原始地形

2. 挖填处理

挖方区

挖方区

填方区

填方区

3. 分台设计

附图4-4　总图标高设计

5. 山地风情——54班九年一贯制学校新建工程建筑设计方案

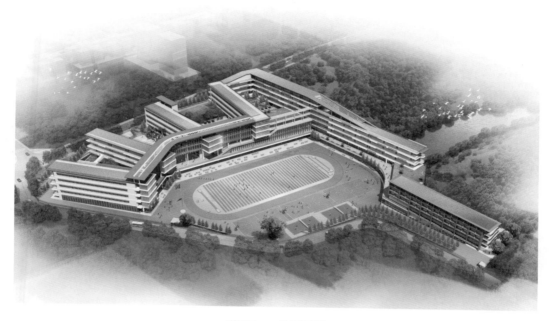

附图5-1　总平面图

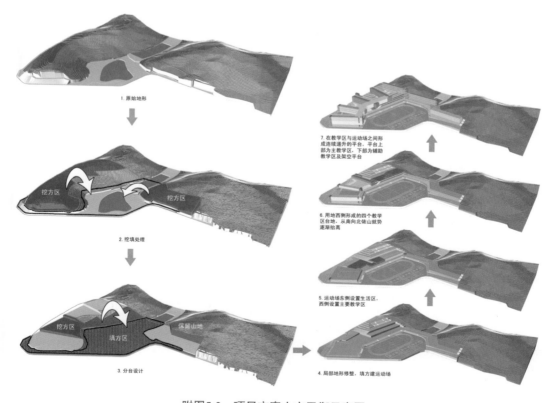

附图5-2　项目方案土方平衡示意图

附图5-3　实景照片

附图5-4　效果图

6. 热带风情——72班九年一贯制学校新建工程建筑设计方案

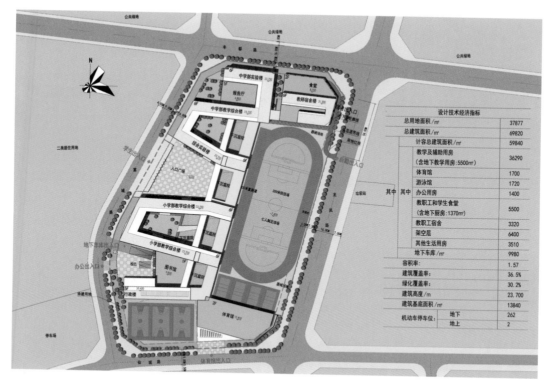

设计技术经济指标		
总用地面积/㎡		37877
总建筑面积/㎡		69820
其中	计容总建筑面积/㎡	59840
	教学及辅助用房(含地下教学用房:5500㎡)	36290
	体育馆	1700
	游泳馆	1720
	办公用房	1400
	教职工和学生食堂(含地下厨房:1370㎡)	5500
	教职工宿舍	3320
	架空层	6400
	其他生活用房	3510
	地下车库/㎡	9980
容积率		1.57
建筑覆盖率		36.5%
绿化覆盖率		30.2%
建筑高度/m		23.700
建筑基底面积/㎡		13840
机动车停车位	地下	262
	地上	2

附图6-1　总平面图

附图6-2　鸟瞰效果图

171

附图6-3　效果图

附图6-4　实景照片

7. 智慧钥匙——36班小学新建工程建筑设计方案

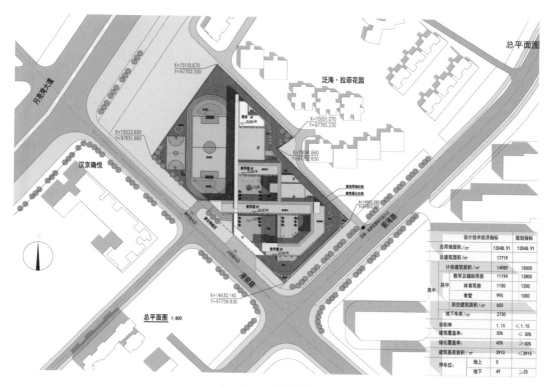

附图7-1 总平面图

附图7-2 鸟瞰效果图

一、运动场设置在西北侧，教学楼设置在东南侧，避免了汉京确悦高层住宅的日照遮挡，并远离月亮湾大道的噪声源

二、运动场南北向设计，基地边界呈45°角，运动场无法平行基地边界

三、建筑南北向布局，减少西晒，若建筑平行于基地边界设计，偏离角度过大，不利于通风

四、建筑与前海路非平行布局，减少前海路给学校带来的噪声干扰

五、建筑整体布局分区明确，运动区和生活区设置在西北侧联系紧密；教学区设置在东南侧，外界噪声干扰小，视野开阔

六、切割南侧交角，做绿化设计，避让电信信号塔

七、主入口设置在车流量较少的港前路

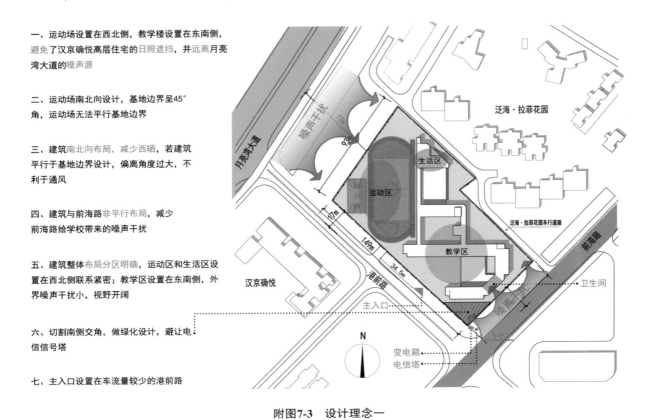

附图7-3　设计理念一

"金钥匙"打开智慧之门 —— 设计"灵魂"

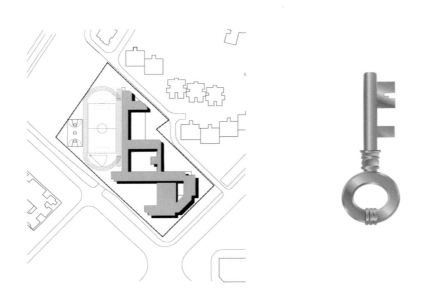

附图7-4　设计理念二

8. 学院风格——30班初中新建工程建筑设计方案

附图8-1 总平面图

附图8-2 鸟瞰效果图

附图8-3　功能分区示意图

附图8-4　效果图

9. 锦龙静卧——54班九年一贯制学校新建工程建筑设计方案

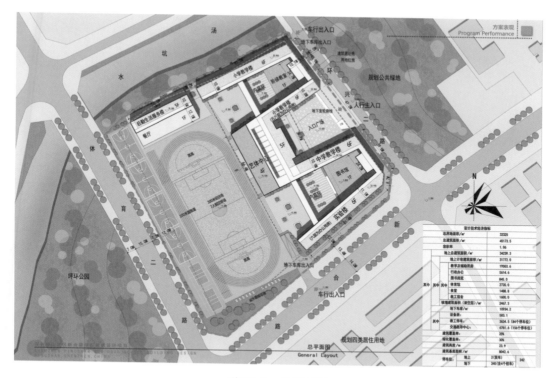

附图9-1　总平面图

附图9-2　鸟瞰效果图

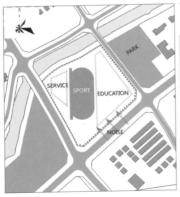

运动场布置在中间
　　建筑主体南北向布置，集中在基地东南侧，地块形状不规则且面积不足，同时受到南侧道路噪声干扰较多，并失去沿河景观带

运动场布置在东侧
　　教学区沿西侧道路布置，噪声干扰较大，主要出入口只能开在西、南侧城市次干道上，对城市交通压力较大。食堂等服务类建筑在上风口对教学区有较大影响

运动场布置在西侧
　　教学区布置在东侧，主入口面向东侧，结合城市公园，安全同时又缓解了交通压力。将教学区实验楼靠近南侧街道布置，使主要教学用房远离道路噪声，以减少南侧道路对主要教学区的干扰

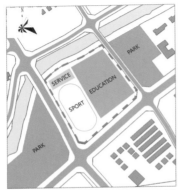

　　根据分析得出的总图布局分布布置功能体块，东北侧布置教学区，西南侧布置运动区，西北侧为生活服务区

　　一条横轴贯穿校园，将小学区与初中区隔开，公共区域作为连接体，合理将流线划分到其他功能区域

　　考虑大量学生集散及接送车辆的交通拥堵问题，主入口面向东侧环兴二路上，主入口结合城市公园作为家长等候区，便于学生上下学安全疏散，并可缓解交通压力

附图9-3　沿街效果图

10. 开心乐园——54班九年一贯制学校扩建工程建筑设计方案

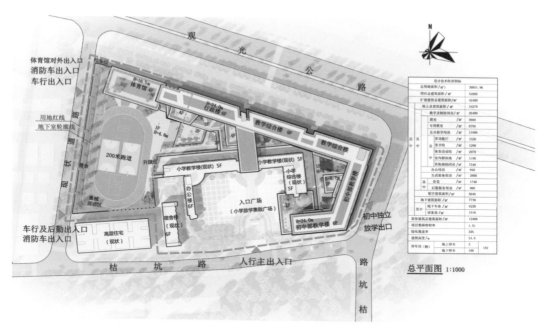

附图10-1 总平面图

附图10-2 效果图

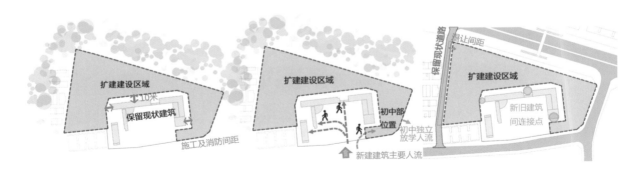

保留原有建筑，退让相应的**施工及消防间距**，新建建筑在施工期间**不影响原校区的使用**

新建建筑不影响原建筑流线

西侧退让相应间距，保留现状道路

附图10-3 设计理念

附图10-4 鸟瞰效果图

11. 依山就势——54班九年一贯制学校扩建工程建筑设计方案

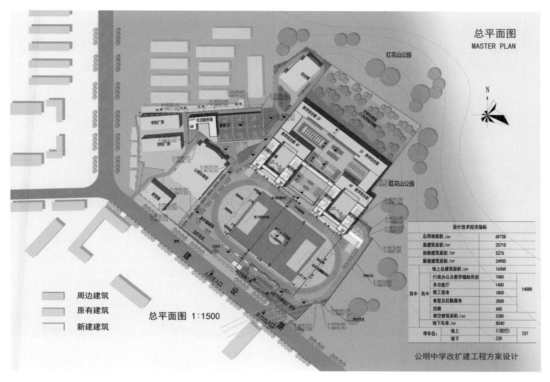

设计技术经济指标

总用地面积 /㎡	69728	
原建筑面积 /㎡	25710	
拆除建筑面积 /㎡	5276	
新建建筑面积 /㎡	24900	
地上总建筑面积 /㎡	16360	
其中	行政办公及教学辅助用房 /㎡	7480
	多功能厅 /㎡	1400
	教工宿舍 /㎡	1800
	食堂及后勤服务 /㎡	2800
	连廊	600
	架空层建筑面积 /㎡	2280
	地下车库 /㎡	8540
停车位/辆	地上	2（校巴）
	地下	235

（14080 / 237）

公明中学改扩建工程方案设计

附图11-1　总平面图

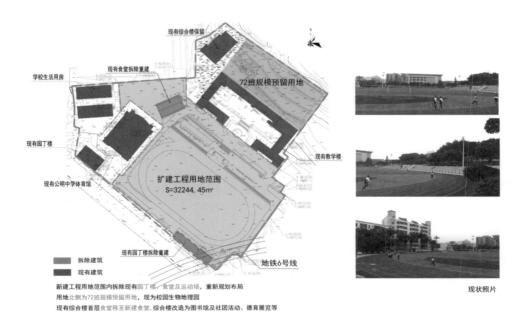

附图11-2　现状分析

附图11-3　鸟瞰效果图

附图11-4　沿街效果图

12. 有机延伸——72班九年一贯制学校扩建工程建筑设计方案

附图12-1　总平面图

附图12-2　沿街效果图

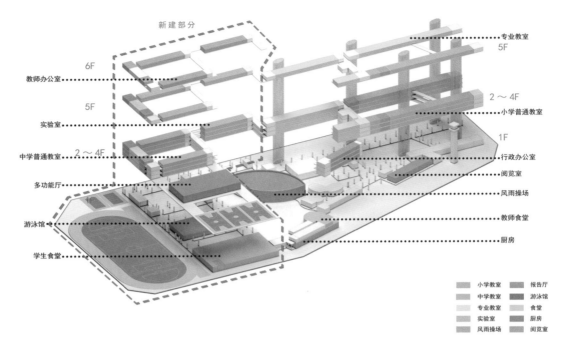

附图12-3 功能组合图

附图12-4 鸟瞰效果图

13. 依山造园——72班九年一贯制学校新建工程建筑设计方案

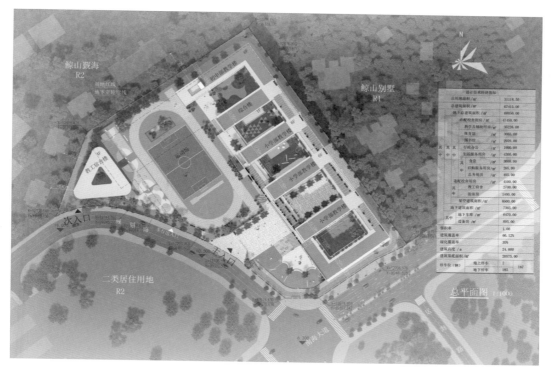

附图13-1 总平面图

附图13-2 鸟瞰效果图

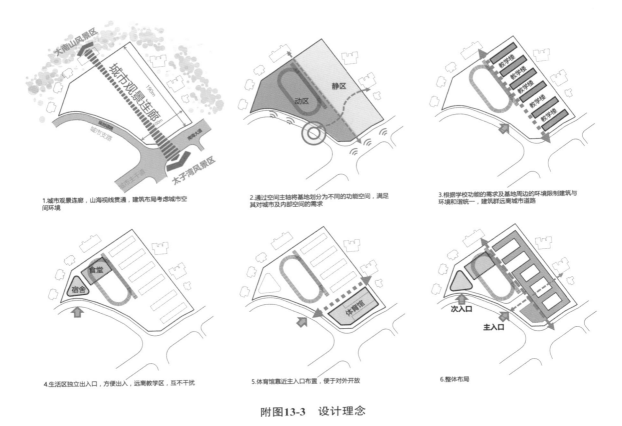

1.城市观景连廊，山海视线贯通，建筑布局考虑城市空间环境

2.通过空间主轴将基地划分为不同的功能空间，满足其对城市及内部空间的需求

3.根据学校功能的需求及基地周边的环境限制建筑与环境和谐统一，建筑群远离城市道路

4.生活区独立出入口，方便出入，远离教学区，互不干扰

5.体育馆靠近主入口布置，便于对外开放

6.整体布局

附图13-3 设计理念

附图13-4 沿街效果图

14. 旧事记忆——72班九年一贯制学校新建工程建筑设计方案

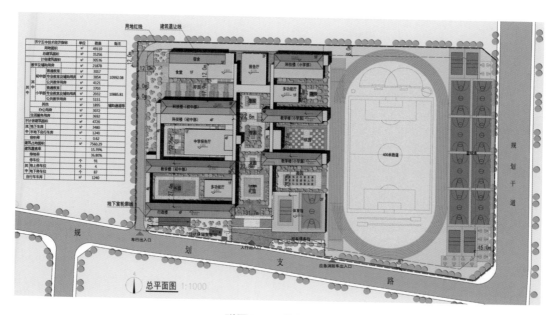

附图14-1 总平面图

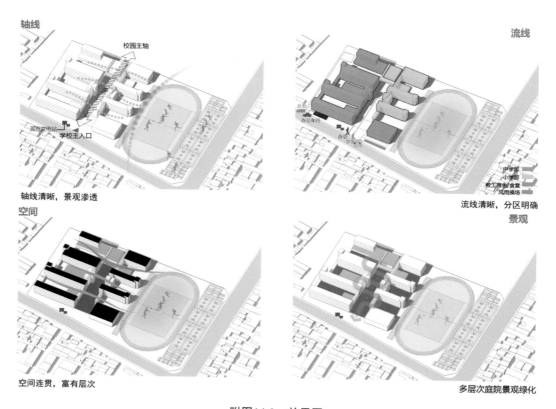

附图14-2 效果图

附图14-2　效果图（续）

15. 现代简约——36班九年一贯制学校新建工程建筑设计方案

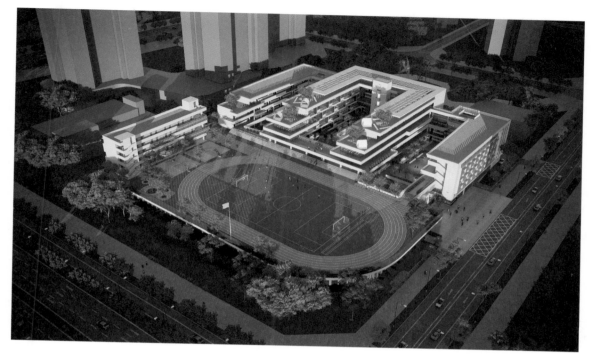

附图15-1 鸟瞰效果图

附图15-2 庭院效果图

附图15-3　沿街效果图

附图15-4　效果图

16. 时光流逝——36班小学新建工程建筑设计方案

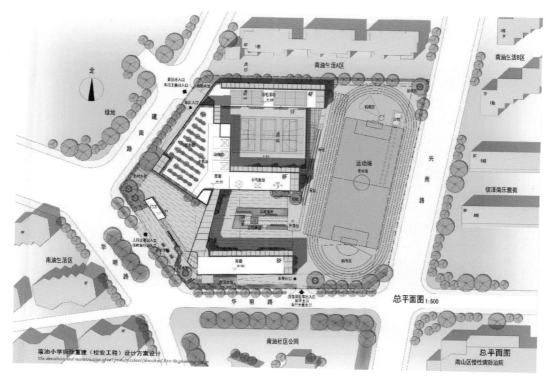

附图16-1　总平面图

附图16-2　效果图

附图16-3　效果图

附图16-4　鸟瞰效果图

17. 扬帆起航——72班九年一贯制学校新建工程建筑设计方案

附图17-1　鸟瞰效果图

附图17-2　效果图

参考文献 ▶▶▶▶

[1] 中华人民共和国住房和城乡建设部. 中小学校设计规范：GB 50099—2011 [S]. 北京：中国建筑工业出版社，2012.

[2] 中华人民共和国住房和城乡建设部. 民用建筑设计统一标准：GB 50352—2019 [S]. 北京：中国建筑工业出版社，2019.

[3] 中华人民共和国住房和城乡建设部. 办公建筑设计标准：JGJ／T 67—2019 [S]. 北京：中国建筑工业出版社，2019.

[4] 中华人民共和国公安部.建筑设计防火规范：GB 50016—2014（2018年版）[S].北京：中国计划出版社，2018.

[5] 中华人民共和国公安部.汽车库、修车库、停车场设计防火规范：GB 50067—2014 [S]. 北京：中国计划出版社，2014.

[6] 中华人民共和国住房和城乡建设部.车库建筑设计规范：JGJ 100—2015 [S]. 北京：中国建筑工业出版社，2015.

[7] 中华人民共和国住房和城乡建设部.无障碍设计规范：GB 50763—2012 [S]. 北京：中国建筑工业出版社，2012.

[8] 中华人民共和国住房和城乡建设部.宿舍建筑设计规范：JGJ 36—2016 [S]. 北京：中国建筑工业出版社，2017.

[9] 中华人民共和国住房和城乡建设部.公共建筑节能设计标准：GB 50189—2015 [S]. 北京：中国建筑工业出版社，2015.

[10] 中华人民共和国住房和城乡建设部.绿色建筑评价标准：GB/T 50378—2019 [S]. 北京：中国建筑工业出版社，2019.

[11] 中华人民共和国住房和城乡建设部.民用建筑热工设计规范：GB 50176—2016 [S]. 北京：中国建筑工业出版社，2017.

[12] 中华人民共和国住房和城乡建设部.严寒和寒冷地区居住建筑节能设计标准：JGJ 26—2018 [S]. 北京：中国建筑工业出版社，2019.

[13] 王清勤.绿色建筑评价标准技术细则(2019)[M].北京：中国建筑工业出版社，2020.

[14] 中华人民共和国住房和城乡建设部.民用建筑隔声设计规范：GB 50118—2010 [S]. 北京：中国建筑工业出版社，2010.

后 记 >>>>

    每一次工程验收、每一次庆功会过后，成就感与幸福感之余便是平静、淡然，最后留下的是一丝丝的遗憾、惋惜。30年来的设计工作，这种感受已经习惯了，每年都会有两三个自己负责设计的项目交付使用。

    年轻时面对项目落成时那种激动、兴奋之情，到现在只是一瞬间的微笑，端详自己雕琢出来的作品，成功、喜悦之后，还有反思、检讨。

    从建筑设计到建设完成，就好比是十月怀胎一朝分娩：参加方案投标之后中标了，心里充满喜悦、兴奋；接下来是方案深化、报建阶段，建筑师们付出的辛苦，看到了希望；到了项目设计的全专业施工图设计阶段，加班、熬夜如家常便饭。这时期，参与的单位众多，有甲方、审批部门、各专业设计、专业设计分包单位等，一个错综复杂、庞大精细的配合网络，在建筑师的统一指导、统一协调下，紧张而有序地进行，凭借专业性、务实性、社会性的设计工作，对经济及社会效益高度负责。通过不停地修改、完善，付出了全部的智力、体力、汗水，设计趋于成熟。而施工过程是对设计工作的实际检验。施工现场不再只是纸上谈兵，与施工单位一来二去，反复推敲，把设计中的疏漏再进行最后的修正弥补。经过持续打磨，新建筑终于通过验收，投入使用，融入社会实践中，服务到教育工作中，自己也有了一点成功者的体验。

    一切都已经成为事实，成功与遗憾一起，都立在那里。成功能鼓励我们再争取下一个成功，遗憾也会教会我们更好地成功，下一个项目正在等待着我们。

    30年的建筑设计创作，渐渐地形成了粗浅的建筑设计思路——地域、空间、技术、秩序，运用这个信条一直在践行着每一个建筑设计创作。

    地域：是指建筑所处的地理位置、自然条件状况及周边环境，用这些制约因素来确定建筑的总体设计思路。这些设计约束是每个项目所特有的，没有相同的。其内容主要包括地形、高程、气候条件、地质条件、历史文脉、政治、经济、未来发展规划等。这些都是每一个建筑项目设计前，每位建筑师必须要研究、读懂、读透的。

    空间：根据项目的设计要求及目的，用"地域"因素所确定的设计条件来约束空间设计。这里的空间是指建筑的功能空间，其中包括城市空间、建筑组群空间、建筑内部空间。功能空间是建筑的核心，是建筑设计的最终目的。

    秩序：是指体现建筑的外在形态与建筑功能之间的一种逻辑关系，体现美学原则，反映与城市及其他建筑物的一种协调关系。建筑的外表形态要源于建筑的内在空间，要体现内外一致、表里如一、和谐而具有逻辑性。

    技术：是指为形成必要的功能空间并达到特殊建筑秩序所采取的具体营造措施。包括结构体系及机电专业等新材料、新设备、新技术的使用，它是形成建筑空间与逻辑秩序的重要保证。

张琳　姜红涛